PIENSO, THEREFORE SOY MUJER

YK ROSCO

BARKERBOOKS

Titulo. PIENSO, THEREFORE SOY MUJER

Derechos Reservados. © **2026,** YK Rosco

Edición: BARKER BOOKS ®

Ilustración de Portada: Teresa Ostermiller

Diseño de Interiores: (José Luis Chávez V) | BARKER BOOKS®

Corrección/Traducción:

Primera edición. Publicado por BARKER BOOKS ®

Ebook ISBN: 979-8-952211-02-5

Paperback ISBN: 979-8-952211-03-2

Hardback ISBN: 979-8-952211-04-9

Derechos de Autor - Número de control Library of Congress: 1-15237373513

Barker Publishing, LLC

Tacoma, WA

https://barkerbooks.com

publishing@barkerbooks.com

ÍNDICE

La Curita	1
Ayer, hoy y siempre	7
En mayo	11
A dos metros	15
La sangre llama	19
L. I. S	23
Otro pensamiento	25
"Do Re Mi Fa So La Si Do"	27
La manada de Sero	29
Cristal Líquido	33
Para mí sí, para ti no	35
La curita II	39
Preguntas	41
Dos Marlboro rojo	43
La quinceañera	45
3er grado	47
La Mamita	51
Un niño	53
10 de mayo	55
La niña del Lempa	59
El Handsum	63
Awela	65
I am a tornado	67
Hembra	69
Mala la mamá	71
Osos de peluche	75
Una rueda de colores	77
Tía	81
María MCMXXXVI	83
Que se haga la música	85
Una escoba	87
La comida de mamá	89

Agarré la maletita	93
Where do I belong?	97
Sin hogar	103
Pero mil veces	105
No sé	109
Invitación a morir	113
La lluvia	117
El yerro del entendido	119
My dear America	121
Think	125
Sin agujas	129
El chocolate más caro del mundo	131
Hombre	135
Mitosis	137
El complejo de Yocasta	139
Te vas a quemar	141
Por 10 mil	143
Voy y vengo	145
La IA	147
No es ningún secreto	149
El primer amor	153
La Mujer	155
Las canas	159
Los tigrillos	161
Amé, amo, amaré	165
I do	169
¡Cámaras y acción!	171
Para siempre jamás	173
¿Y ahora quién podrá valorarme?	175
Hermanitos	177
Aguas amargas	179
Es una astilla	181
Sí hay quinto malo	183
8vo grado	185
El Millennial	189
You, sad little woman	193
Hay que perder para ganar	195

Solo porque somos familia 197
Je suis le petit prince 199
Jandito 201
Dígame, maestra 205
Cinto artesanal 207
Amor y amor 209
Tratar de acatar 211
Evolución 215
Xy 217
Trabajadora social 219
Jorge Asencio 221
El ruiseñor 223
¿Quién es mi héroe? 227
Un lugar santo 229
El color de la fe 231
Bracitos cruzados 233
El sombrero negro y la montaña 235
Legos 239
Errores 241
Éxodo 1:9-12 243
Su primer convenio 245
Nuestro éxodo 247
Orion's Belt 249

Un Profeta de Dios 251
Acerca del Autor 253

"La mujer es un ser divino y el hombre, su debilidad. Fruto de nuestro vientre y sufrimiento de nuestra verdad." YK Rosco

SIN PARACETAMOL

LA CURITA

Me puse una curita porque me dolía,
y aún me amordaza la tristeza y la indiferencia,
el dolor y la melancolía.
Pero, al ver tanta sangre;
me puse una curita.

Con una gran cortada,
que ni siquiera tancava[1] la sangre,
aquel dolor agonizante dale y dale;
sin embargo, la rutina seguía.

En el trabajo, la jefa me espera.
Los niños tienen que comer;

1. Contener

los pagos de la casa se tienen que hacer.
La ropa sucia sigue
en aumento, igual que mi descontento.

Y POR LA VIDA VOY,
cubriendo con una bandita,
el dolor que aun siento.
Parece absurdo que yo;
traté mi herida sin saber de enfermería.

Y AQUÍ VOY en las mismas.
Sigo, pal dolor un alto o soltaré en llanto.
Ese nudo no me deja respirar;
¿Quién dijo que yo, siendo mujer, debería descansar?

ME PUSE un curita porque me dolía.

Y ME DUELE que los hombres estén muriendo,
simplemente por el color de su piel,
Otros mueren por soledad y falta de amor.
Y en el siglo XXI los enterramos por rencor.

LA ENMIENDA trece condenó la esclavitud,
pero las mujeres siguen siendo esclavas de la sociedad,
Si no, ¿Por qué a Vanessa Guillén la condenaron por hablar?
El odio nos mantiene en estado de perdición.

Espero no morir como mis hermanas por rimar mi frustración.

¿Han visto cómo las riñas
entre niños no duran nada?
¿Y si aprendiéramos de ellos?
Que no saben qué es odiar.

Así como los pequeñitos me imagino un mundo mejor.
Hasta hoy la curita sigue pegada a mi dolor;
con el paso de los años se rompen los lados.
La curita se ve usada y malgastada.

Qué gran dolor llevo cargando,
pero si me detengo vuelvo a recordar
estas pesadillas de mi corazón;
que me hacen volver a vivir esta aflicción.

¿Y qué va a
pasar cuando se caiga?
¿Se habrá
sanado la herida?
¿O qué está esperando mi corazón?
¿Que crezca
más esta infección?

Ya son varias páginas;

la culpa y la actitud no cambian.
¿Será que no me amo
lo suficiente para reconocerlo?
¿O será que,
al reconocerlo dejaré de amarme?

Los pasos los doy largos,
tal vez aguanto.
Ahora soy madre y, mi vida,
sin sacrificarla no es NADA.

La voz baja y la mirada fija.
Dios, dame la fuerza para esta caminata,
ya falta poco y, sin vos, no llego.

Me puse una curita porque me dolía.

¿No es lo mismo todos los días?
Mis viejos lo cuentan en cada historia.
¿No es esta la misma solución
para todos los problemas?

Ni el ciclo de varios años de trauma,
ni el mal ejemplo de varias
generaciones.
Ni aquellos libros de historia,

opresión y abuso nos han enseñado:
ponerle una curita al dolor NO BASTA

AYER, HOY Y SIEMPRE

De noche me siento en el limbo.
Cada día en las noticias es lo mismo,
sigue el encierro y el miedo;
esta enfermedad nos tiene prisioneros.

Comenzó con fuerza,
doblegó todo.
Hasta al más duro tumbó
al suelo.
Hizo llorar a los más fuertes,
sin importar sus billetes.

Puso al planeta de cabeza
y dejó a familias incompletas.
Sembró cadáveres y sufrimiento;
todavía no se ha visto ni un muerto.

. . .

Qué grande es la ambición del hombre.
Mato a miles por conservar su ego
y los pobres sentados en casa,
viendo cómo se acaba la raza.

Ni los animales son tan cobardes
para sacrificar a inocentes e indefensos.

Hoy murieron los virtuosos,
hoy ganaron los poderosos.
Hoy está de luto el pueblo,
hoy dicen que no hay cura.

Ayer usaron su poder para humillar a otros.
Ayer tenían a la nación a ciegas.
Ayer decidieron que no valemos nada.
Ayer nos quitaron la libertad.

Mañana se quieren apoderar de la vida.
Mañana quieren que los niños no prosperen.
Mañana seguirán engañándonos.
Mañana culparán al virus de todo.

¿Y qué piensa el pueblo de este crimen?
El pueblo está listo para hablar.

El pueblo está listo para luchar.
El pueblo no pierde la fe.

Ayer el pueblo se dio cuenta de la verdad,
hoy el mundo se va a unir y los va a derrotar

Y siempre unidos pediremos justicia.
La pandemia se irá lentamente
porque el virus de la maldad,
llama a ver quién tiene más.

EN MAYO

Tengo mucho tiempo sin escribir un buen verso
Anoche las lágrimas me tomaron por sorpresa,
pero el alma me pedía que gimiera.
Cansada, llegué hasta altas horas de la noche.

Los niños escuchaban la tele con cansancio,
ellos tampoco querían dormir ni cerrar los ojos,
El mejor amigo del hombre ya se fue.
¡Adiós mi querido perro fiel!

Ese día se había desaparecido,
era tan curioso que cometió
el error de salir de noche.
No vio nada más
que una luz llamando.

Yo, aterrorizada, levanté el teléfono y respondí intranquila.

Al otro lado del velo mi amigo perdido me dijo:

Lo recuerdo perfectamente humano,
escuché a un amigo llorar en lejanía.
Salté la barda y corrí en su ayuda,
me tardé mucho en atravesar el parque,
miré hacia la luz y era muy tarde.

Cuando abrí los ojos ya no estabas.
Decidí buscarte, pero no encontré tu rastro.
El lugar era raro: olía a aire puro y fresco.
Y sus árboles frondosos llenos de fruto.

Pero continúa la aventura.

En mi búsqueda de regreso a casa,
encontré a otros de la misma especie.
Me revelaron que sus humanos habían desaparecido.
Me preocupé mucho y corrí sin fin.

Mi querido humano:
me perdí entre el cielo y la tierra.
Todos los que se pierden terminan aquí,

fue entonces cuando le dije al ángel:

TODAVÍA PUEDO OÍR A MI HUMANO.

Y LLORA, llora mucho,
se siente solo y necesita mi ayuda.
El ángel explica:
tu humano sabe que lo amas, pero no podés regresar.
Es imposible; eso va en contra de la ley celestial.

PENSÉ por un momento y sugerí:

¿ENTONCES LO PUEDO VISITAR cuando duerme? Quiero que
sepa que lo extraño, lo amo y estoy feliz.
El ángel anunció: «Tu deseo haré presente».

Y ESA NOCHE se levantó mi humano feliz,
Y le reveló a su madre: anoche soñé con él,
Jugaba en el porche y era feliz
moviendo su cola.
Me confesó que quería regresar a casa...

LA MADRE, con lágrimas en los ojos,
volvió a ver a su hijo y, con un nudo en la garganta, agregó:
—Sí, mi vida, él vive en tu corazón,

y los perros siempre regresan donde fueron felices.

Y FUE ASÍ como el segundo, el tercero y el cuarto día pasaron.
Con lágrimas en los ojos aprendí a decir adiós,
te amo, mi chulo, dondequiera que estés.
En mis sueños te veo y un día te cargaré.

A DOS METROS

Se retiró del caos,
se mordió los labios,
es que un minuto más;
y se le mete el diablo.

Ese momento de enojo y frustración,
lo mismo que sentía aquella niña,
cada noche sin nada de amor.

Esta era su canción todos los días:
los lloriqueos del tiernito, los
gritos del hombre;
sus oídos sangraban con dolor.

Su ruido se ha convertido en discordia,

las peleas son las mismas,
y la falta de inspiración la tienen en una cárcel.

Como se riega el ruido del trueno,
al paso firme de la angustia,
es que cerró el paso y le abrió la puerta al terror;
se quedará sin respiración.

Y luego pensó: ¿a dónde me lleva esta desesperación?
Ahí, aturdida, su persona se transformó,
los suspiros cobraron vida lentamente...

[Una dama corría
entre una neblina gruesa, su pelo dorado y sus labios delgados,
vestida de blanco con zapatillas
negras y guantes blancos]

Corrió entre incierto y suspiro,
de nuevo entre sus
propios pensamientos se perdía,
¡qué lucha la de aquellos que pelean contra sí mismos;
ahí Dios ha puesto
a los soldados más fuertes.

Mira qué fuerza
tiene el joven que con valor dice: «Hoy no me mato».

. . .

Y EL QUE ayer lo perdió todo y dijo: —No me voy a matar.

Y el que se quedó sin nadie y dijo: —No me voy a matar.

Y el que sintió que nadie lo amaba y dijo: —No me voy a matar.

Y el que sintió que no podía caminar y dijo: —No me voy a matar.

Y el que sintió que no quería despertar y dijo: —No me voy a matar.

A UN AVE SIN RUMBO, cierto, poco a poco su
vista se tornó,
sería más fácil abrir las alas y volar al lado
con las nubes agrias y la frente fría;
que deje que el monstruo le dicte la vida.

ACERCÁNDOSE AL VACÍO INCIERTO,
encontró paz en la
suavidad de un lucero,
y se encontró con su rostro entre sus manos; con su espalda
contra la puerta,
recordó que todo era un mal sueño.

SE LEVANTÓ y estaba cubierta de lágrimas,
ese monstruo me quiere ver a dos metros bajo tierra,
ese que la quiere ver vencida,
nada le gana a su tierno corazón.

. . .

DEJÓ esas terribles ideas y cuando vuelvan
no se va a olvidar de sus creencias,
sino poco a poco se va a olvidar de toda su esencia; si va a
la escuela y completa la carrera,
su voz tendrá un antídoto contra la ceguera.

VA por la escuela de la vida
peleando con ella misma,
esperando que esto sea pasajero
y que el monstruo no la entierre primero.

LA SANGRE LLAMA

¿Cómo llama la sangre?
A gritos.
¿Y por qué a gritos?

Reclama su derecho,
lleva dolor en el pecho,
siente que se quedó
sin hijos.
Y no logró resolver el acertijo.

Preguntó en español
y le contestaron en inglés,
¿cómo olvidar la tierra que me vio crecer?
sí, ahora no puedo hablar con mis abuelos.

. . .

VEO SUS OJOS,
son de color café,
su piel como la canela,
y su alma dulce
como la miel.

ALLÁ DEJÉ EL PUEBLITO,
no lo he podido visitar;
los niños preguntan por sus abuelitos.
Y yo no me aguanto las ganas de llorar.

PASAN los meses y los años,
pasan las generaciones,
y llama, me llama, les llama;
somos hijos de muchos,
somos hijos de una sola.

CUANDO LLEGA el día y la hora
y mi Dios venga en
toda su gloria.

LA SANGRE LLAMA,
es el olor a la comida,
al sofrito o tal vez un tamalito.

EL OLOR tan criollo
les recuerda a casa,

pero estaban tan pequeños
cuando perdieron a mamá y papá;
no pensé que iban a regresar.

Cuando oigan la música
sus oídos buscarán los timbales,
también llorarán las rancheras,
y bailarán las canciones pegadas.

Ese perfume que usaba la tía,
o la tienda de la esquina.
Aquellos detalles tan simples;
aunque sea fiando
dos margarinas.

Arrebátele a sus hijos,
deciles que vos su mamá,
el día de mañana yo volveré a su mente
y mi sangre los llamará.

L. I. S

En momento de silencio forzado,
escucho los pensamientos más obstinados.
Viajo en los años y recuerdos;
para no sentirte tan lejos.

Las mejillas no se cubrieron de lágrimas,
más bien de semblantes cansados.
Estudié mil veces mi caso;
se llama: «No sabes
cuánto te extraño».

Ha llegado el momento de cruzar el velo,
espero llevar suficientes anhelos.
Un corazón quebrantado a la orilla del sendero;
en un mundo donde
detenerme a llorar... ¡No puedo!

. . .

VEO el atardecer de mi felicidad,
en un camino que me lleva a la humildad;
a entender que el amor va mucho más allá,
en la lejanía de no poder abrazarte.

CON UNA ORACIÓN por la mañana,
con una canción por la tarde,
pero que jamás me falte el «te amo»;
¿qué te llevaste
antes de marcharte?

OTRO PENSAMIENTO

Comencé el descubrimiento de mi persona,
así como los europeos hicieron con América:
sin saber mucho y a la brava
destruí,
y volví a construir donde yo lo creí pertinente.

No presté atención, ignorante sí.
Para que mis sueños
se hagan realidad,
la mentalidad de un niño tengo que alcanzar,
aquella de sin alas yo puedo volar.

No hay nada más amargo,
que un trago de perdición.
Son infinitas tus redes;
ahí viene otro pensamiento oscuro.

. . .

OCULTO en mi mente como sombra,
está mi verdugo, yo mi verdugo.
Qué pesadez, te gusta el estrés;
constantes son tus martirios.

SE CIEGA MI CONCENTRACIÓN,
reposo mi cabeza en la mesa.
Entre tus engaños me pierdo;
siento como si me dirigiera a la guerra.

VOY SIN RUMBO, cayendo lento
por un objetivo que perfora la razón,
en lo más profundo me encuentro yo,
juzgando hasta mi última decisión.

ESTE DESEO ES INMORTAL,
me lleva a mundos desconocidos.
Mi villano favorito vive conmigo.
Otro mal pensamiento es que no puedo
resistir mi ingenio o maldito tormento.

"DO RE MI FA SO LA SI DO"

No se puede seguir escribiendo del dolor;
se ha convertido en mi mejor maestro
aun cuando los versos del libro,
me dicen que hay un solo Dios eterno.

QUÉ TRABAJO tan duro el de tener familia:
uno piensa que solo es de gustarle a alguien,
comprar una casa y llenarla de niños;
trabajar hasta morir y morir sin gemir.

¡CORAZÓN MÍO!
Escúchame bien, deja de llover;
no puedo resistir ver las flores marchitar,
enterradas en la tierra sin poder ladrar;

. . .

No hay ser vivo capaz de entender la muerte,
solo se entiende el vacío permanente;
aquella rigidez del aire frío en mis mejillas
mojadas por las lágrimas de tu agonía.

Mis manos frías duelen al escarbar tus últimos pasos,
pero no se compara al tenerte con vida entre mis brazos.
¡Señora Muerte! Como neblina después de la tormenta,
me dejó una caja de cartón en la puerta.

¡Tengo una pregunta!
Por favor, conteste...
¿Por qué es el último suspiro el que más me duele?

LA MANADA DE SERO

Cuenta la leyenda de una manada de lobos muy peculiar;
el lobo alfa era hembra y se preguntaban tal calamidad.
Los cazadores habían matado a sus padres cuando
ella era pequeña.
Se crió entre machos, estéril, sin sentido
para la madre tierra.

Un invierno los machos fueron muriendo uno a uno.
Las hembras madres quedaron solas y desprotegidas,
los cachorros hambrientos y frágiles;
¿quién buscaría la comida de todos estos caninos?

Los aldeanos la llamaban Sero:
nada para la naturaleza era el significado.

En la manada, los cachorros comenzaron a llorar
de hambre,
y las hembras madres a decaer en salud
por amamantar;
¿quién se dedicaría a la cacería de lobos machos todavía?

SERO SALIÓ entre la oscuridad y comenzó a aullar,
nadie llegaba en su ayuda.
Sola y cansada corría por los altos y bajos de la montaña;
desolada y cansada, comenzó a decaer su ánimo.

EL SONIDO de una escopeta en la lejanía
perforó el rostro de Sero
y la tiró al suelo.
Sero quedó tuerta, pero no muerta.
El culpable se acercó con malicia, confiado en su arma.

SERO SE MANTENÍA quieta y confundida por el dolor;
al sentir la presencia del humano que la acechaba,
ira, espuma en el hocico, una inminente desventaja
la resucitó; ahí le tocó ser cazado al cazador.

LA MANADA de Sero ya tenía qué comer.
Los restos alimentaron a todos y se vivió un día más.
Sero salía todas las noches, acechaba la presa,
la mataba y la llevaba a la manada.

. . .

Cuando los cachorros estaban más fuertes
y las hembras podían cazar con más libertad,
Sero las llevaba a buscar alimento para sus crías.

En la manada de Sero
el último lobo era una hembra, tuerta.
Aquella que, el momento más débil de su vida,
vorazó al humano para darle de comer a su manada.

La rabia era el momento más débil de Sero,
cuando los ojos se turban en blanco y negro
y el sabor a venganza suele ser un claro espejo;
Sero sabía que su nombre significaba
el punto exacto, ahí mismo terminó la gráfica.

Y al final del peñasco
se observa la figura del último lobo de la manada,
la que debido a su ira y monstruosidad al ver
sangre logró ganar;
Sero era el enemigo del hombre, sin nada que perder.
Dispuesta a doler y
comer en el mismo lugar que la hizo sufrir.

CRISTAL LÍQUIDO

365 días me la paso viéndote,
estoy presa en mi propia morada;
es que para todo tengo que pedir permiso,
verificar el usuario de mi dispositivo.

Aquí respondo a tu llamado,
suenan las notificaciones.
Emerge una luz que invade mi atención,
dejo lo que hago por el sonido de tu voz.

Me quitas el sueño y no descanso,
puedo pasar viéndote como idiota.
¡Qué innovación trae esta tecnología!
Me maneja a su antojo como si yo fuera plastilina.

PARA MÍ SÍ, PARA TI NO

Amarga el dolor mi incompetencia,
se siente la sangre correr por la cara.
Ese fuego intenso que sale de mis entrañas,
el mismo que me lleva el nudo en mi estómago.

La sensación de que lo he intentado todo,
cautiva de mi propia almohada.
Aquí llevo las esposas en las manos,
al no poder levantar mi voz para apagarlo.

Se esconde detrás de perfiles falsos.
Escribieron: «¡Que te lleve la migra!».
Y sus apellidos también terminaban con tilde;
traen un odio atorado entre ceja y ceja.

Que me den el WIC a mí, pero no a mi paisana.
Total, el que miente gana.
Digo que me caes bien por ser hispana,

pero escondo la mano para quitarte la papa.

El Abuelo

Las tragedias en mi querido El Salvador,
pintadas de rojo sangre y no del azul de libertad.
Huyendo nos fuimos muchos sin saber qué iba a pasar;
pero sí llorábamos en la noche y nos daba miedo durante el día.

Ni bañarse podía uno, se subían al palo de mango,
y con esos ojos fríos me sentía aterrada.
Un chico tan joven, pero con armas en la espalda.
Adiós, querido pueblo, ya no queda nada.

Vestidito de blanco salió el Abuelo esa mañana,
dicen que estudiaba en un instituto entre semana.
Según le había propuesto el cabecilla que dejara de estudiar,
pero él se negó y le dijo: «Vete, Satanás».

Llegaron las 5 p. m. y el bus llegó,
pero el Abuelo nunca se bajó.
Pasaron las horas y su familia salió a buscarlo,
alertaron a la PNC, pero no había rastro.

Pasaron los días y se formaron masas,
toda la colonia estaba asustada.
¡Cómo el muchacho de uniforme blanco, bien planchado,
desapareció de la faz de la tierra!

«Mi muchachito», decían las señoras.

Equipos de búsqueda e infinitos pósteres;
los días sin ninguna señal daban mal agüero:
qué sería del muchacho al que llamaban el Abuelo.

Ese día fue triste porque llegó el miedo a todos.
En un cafetal se encontraba un dedo y un zapato,
evidencia de un cuerpo humano sin vida,
y la familia del Abuelo más sufría.

La autopsia lo reveló: el muchacho fue asesinado.
Lo torturaron por estudioso y llevar el pelo bien cortado.
Recuerdo cuando la noticia llegó a mis oídos,
dije: «¿Qué será ahora del hermano mío?».

Él era el próximo de la lista,
los mismos culpables le tenían en la mira.
De esa colonia saqué a mi familia.
Espero que el Abuelo brille en el cielo, pues era un muchacho muy bueno.

Ahora los medios dicen que los culpables están en la cárcel,
que es imposible que ellos salgan de su castigo.
Mi pregunta para los pandilleros es la siguiente...
¿Por qué matar a sangre fría si tu mamá te quiere?

LA CURITA II

La herida reventó.
Tiraba una sangre sucia, un dolor profundo;
ignorar la herida no sirvió de nada.

Llegó un ventarrón de lágrimas,
cero elegancia y puras malas palabras,
insultando a toda la familia,
poca sabiduría por aquel dolor que sentía.

En mis rodillas ante Dios:
«Quítame este monstruo, por favor».
Las cosas buenas se tardan,
es trabajo diario.

Pasaron los años.
Se sufrió mucho y quedan más por llevar.
Disciplina para la psicología emocional,
la necesité para dejar de llorar.

Nadie me va a entender, ni yo me entiendo.
El perdón es símbolo de paz
para cuidar las almas de los demás.

Esa herida no causa tanto dolor;
a veces desconfío y digo que no.
Altas medidas para cuidar a los que más amo,
no dejar mi guardia abajo.

Vos, escuchame:
la curita se te va a caer.
Una herida así se tiene que socorrer;
duele limpiarla, duele sanarla.

Ahí viene la calma.

PREGUNTAS

¿Por qué tienes que trabajar?
Porque tengo que comprar tu comida.

¿Por qué no podemos tener un tiburón?
Porque no cabe en la tina.

¿Por qué se te cae el pelo?
Porque me estoy poniendo mayor.

¿Por qué tengo que dormir a las ocho?
Porque en los sueños el mundo se mira mejor.

¿Por qué estás llorando?
Porque tengo miedo.

¿Por qué tienes miedo?
Porque, si te suelto,
crece mi pequeño.

DOS MARLBORO ROJO

¿Filtro corto o filtro largo?
Dos coras para ajustar,
nicotina que alimenta el ego del animal.

Medicina alopática,
remedios caseros,
secretos reprimidos;
es más fácil fumar, caballero.

La sencillez de la transacción:
venderle a una niña cigarrillos.
En 1999 es la normalidad
que una niña sepa cómo fumar.

LA QUINCEAÑERA

Vestido de tul y muchas piedritas.
Es el día de la princesa de la casa;
con joyas la adornaremos,
una corona color rojo intenso.

—Hija, ya salga del baño,
llegó la maquilladora.
Pálida la muchacha con mucha náusea,
es que es su día y no sabe qué le pasa.

Salieron todos sonrientes, listos para la fiesta:
la limusina con la quinceañera,
la mamá y el papá en la troca,
y la orquesta en camino a «La Joya».

¡Qué fiesta más hermosa vamos a tener!
En nueve meses viene en camino un bebé.

La princesa no tiene hora de llegada,
así que hoy en la fiesta se enteró de que estaba embarazada.

3ER GRADO

Aquí comenzó el dolor de cabeza.
Los adultos no tienen vergüenza;
si se trata de amor carnal,
los hijos pasan a segundo plan.

En la escuela, mal dormida;
en la casa, mal comida.
Prefiero los libros de literatura
que escuchar peleas por calentura.

Aquí terminó la niñez.
Traigan al juez:
me rehúso a ser mujer,
duele mucho y no paga bien.

Ahí supe lo que yo quería ser:
escritora de libros con cuentos de ficción,
para soñar despierta

y no terminar como estos dos.

YK, hermosa, lo peor ya pasó.
Ahora sos vos la que levantó el pabellón.
Te encanta ser mujer y hacer enojar a los hombres,
porque así lo quiso Dios y por eso te puso ese nombre.

PARA LAS PACHAMAMAS

LA MAMITA

Esa mañana el aire se había tornado frío,
y los árboles padecieron ante el aire congelado;
sus hojas cayeron al suelo
y no faltaba mucho para el invierno.
¡Qué rapidito se pasó el tiempo!

Ese día cambió la vida de muchas mujeres.
En ese hospital cambiaron para bien.
Todas, en el quinto y cuarto piso, eligieron la vida
y el cielo nos premió con fuerza y energía.

Esa semana, los dolores iban y venía.
Era difícil caminar,
y las ansias, cada vez más;
y el sueño, cada vez menos.

. . .

ESE MES PARECÍA LARGO,
y las citas con el doctor más seguidas.
La cunita estaba lista;
y la mamita bien decidida.

ESE AÑO FUE HERMOSO;
lleno de cambios mágicos.
Ese año en que ella fue madre;
y ganó alas con potencia eólica.

ESA DÉCADA DESCUBRIÓ EL AMOR,
se llenó su vientre de dolor.
Esa década aprendió muchas cosas.
Los hijos son prestados.

ELLA SE LLENÓ DE JÚBILO,
su amor no tiene género.
Su vida reposó en sus brazos;
la convirtió en la mamita.

Y LA LLAMARON MAMITA QUERIDA...
Y ella vio con sus ojos,
escuchó con sus oídos, sintió con su alma.
Porque así ella lo había querido.

UN NIÑO

Él me hablaba como en señas,
su imaginación volaba como una realidad,
parecía mover los labios
más rápido que sus pensamientos.
Pero eso no le importaba a este corazón contento.

Él era un niño con un mundo lleno
de posibilidades y sueños,
su mente ya había aterrizado en Júpiter,
cuando me confiaba su historia de maravillas;
y su carita resplandecía cuando me causaba algarabía.

Qué mortal era mi cabeza,
y qué angelical la suya.
Él creía en muchos universos,
y yo, aquí, limitada con los pies en la tierra;

este niño es un maestro.

ÉL VOLABA, él corría, él creía
porque su convicción existía.
Me miró fijamente; quería mi atención.
Y yo, pegada al celular, dándole omisión.

AL CONTAR la historia se olvidaba de todo,
resolvía cualquier dilema de la trama y,
con emoción en la voz,
se inventaba otra película de acción.

RECITABA MIL POEMAS.
¡Otra historia,
otra historia!
Este niño será todo
un escritor.
Qué talento más
puro el de mi pequeño cantautor.

VES SU IMAGINACIÓN, no hay mejor sermón.
No hay mejor poeta, no hay mejor canción;
que la de un niño y su imaginación.

10 DE MAYO

Y la pequeña sonrió,
contempló cautelosamente;
pues los niños vecinos
siempre tenían un adulto presente.

Sus cabellos se movían con el viento,
ella se encontraba de pie,
como detenida en el tiempo.
Al ver a otros de su edad
jugar con el adulto a quien todos llaman mamá.

Cada mañana sus hermanas lloraban,
cada noche se acostaba cansada.
Hay una mujer durmiendo en la cama,
tiene años sin dirigirle la palabra.

. . .

Mi linda pequeña de ojos cafés,
te envío un abrazo
como símbolo de cariño;
la nena que fue
ahora es mujer.

¡Qué luchadora sos! ¡Qué fuerte te ves
rodeada de hermanas!
quienes hace años
eran bebés.

Ahora celebran tu día especial,
te traen cientos de flores
porque, aun siendo niña,
también fuiste mamá.

Fue el escritor el que respiró profundo
al oír a la niña clamar lo siguiente:

—Si existiera magia en el mundo,
¡que ayude a eliminar el posparto!
Para que sus bellos ojos
escuche mi llanto.

Aun cuando no se pudo levantar,
culpó a aquellos
que no la quisieron ayudar,

verán, Mateo 22:39 nunca fue parte de mi comunidad;
al contrario,
prefirieron juzgarla con altas dosis de Prozac.

ESTA ES la historia de la niña
que se convirtió en mamá,
la que me inspira a no dejar de luchar;
por ella este día es aún más especial.

10 DE MAYO escribió el lápiz,
al llegar a la conclusión:
si al abrazarme se retiran mis miedos,
es porque es madre de corazón.

TO HEAR WITH YOUR EYES, it's a call to empathize,
a call that only a human mother,
can acknowledge without
a DOUBT.

LA NIÑA DEL LEMPA

El Lempa es extenso y muy señorial,
cubre mi pulgarcito del norte al sur.
Fue testigo del conflicto armado
y el lavadero de muchos muertos torturados.

Ella era dulce y risueña,
conocía bien las veredas.
Salió a buscar agua en el cántaro
y no volvió, mi pequeña.

Dicen que esa noche se escuchó el disparo,
y a mi muchachita todavía la sigo esperando.
Me levanto y me pongo mi delantal;
ruego a Dios que mi niña llegue.

. . .

Ya tendí su vestidito al sol,
el rosadito con revuelo de encaje.
Se lo regaló la madrina,
la que vive al otro lado del pasaje.

La que tiene el pelito liso, color negro,
la carita redonda como un girasol.
Le gustan los frijoles;
y el café de maíz
en el fogón.

Se oyen los gritos;
lloran las mamás.
Parece que en la casa de al lado se los volvieron a llevar.
¿La niña mía ya no tarda en regresar?

Mi hija es fuerte como el Lempa,
ella es viva como el agua,
bien chula mi cipota,
y muy brava como la corriente.

Ya tengo los ojos bien hinchados,
esa mañana por fin dejé de llorar.
Caminé hacia el río;
y planté un enorme rosal.

. . .

Vos te llevaste a mi niña,
me dejaste sin resollar.
Aquí dejo estas flores;
un día las espinas te van a hallar.

EL HANDSUM

¡Qué año aquel más fascinante!
Vino aquel niño de la escuela
con un regalo tan mágico,
escrito por una pequeña de cinco años.

El pequeño apenas aprendía a leer,
sacó de su bolsa el puñito,
un sinfín de notas escritas para él;
se puso a deletrear
lo que no entendía.

La emoción no lo dejaba comprender,
se lo repitieron muchas veces en inglés,
la nota que decía: «Eres guapo»;
me miró a los ojos, con las mejillas muy rositas.

. . .

AQUEL DICIEMBRE FUE MUY MEMORABLE,
su mamá le había
enseñado a ser amable;
la sociedad quiere simetría y ojos de color azul.
Lástima, esa no es hermosura para un buen varón.

RUEGO que la sociedad cambie la definición
y le devuelva la belleza al idioma español,
que convierta a los degenerados feos
y a los caballeros guapos.

MI NIÑO DUERME con una sonrisa,
piensa que su corazón es bueno;
que duerman los que ultrajan al próximo
y solo vivan los cerebros hermosos.

AWELA

Un 15 de diciembre de 2021,
veíamos la tele y comíamos algo juntos.
Mi hijo mayor puso
la mirada en una palabra.
Palabra que, desde
que tengo uso de razón, me trae calma.

Con prontitud me preguntó por qué dice «abuela»
en la televisión.
Y yo supe en ese instante que
íbamos bien con el español.
Abuela es una palabra sencilla igual que la madre mía.

Mis abuelas son mujeres brillantes
y no se dejan de la gente;
ellas me enseñaron que para ser matriarca

tengo que ser una mujer de carácter fuerte,
con el corazón humilde, pero con opiniones valientes.

En el año de 1936 nacieron mis abuelas,
ambas de nombre María;
son mujeres de cuidado,
necesarias para
guiar al rebaño.

Mis viejitas aman regañar,
contar historias y ayudar.
Sin ellas, no sabría la historia de mis ancestros;
sin ellas, ¿quién pondría
quietos a los abuelos?

Mi hijo ya puede leer
el lenguaje de mis padres,
tiene el poder para comunicarse
y decirle «abuela» a mi madre.

Mi morenito hermoso,
todas tus abuelitas te escuchan;
al oír: «¡Abuela!, ¡abuela!»,
salen corriendo un ejército de guerreras.

I AM A TORNADO

Yo soy un tornado,
vengo fuerte vengo pegando,
vengo acabando vengo destruyendo,
lo que los ricos nos
estuvieron quitando.

¡Sí! Mi gente,
mi hermosa gente,
mis ancestros los indios, los mayas
y los pipiles.

Perdieron la batalla, mas no la guerra,
poquito a poquito;
romperemos la frontera.

. . .

UN TORNADO VIENE,
tiene una fuerza veloz, hoy se acaba el odio;
y da paso al embudo cultural.

MI HIJITO da vueltas y ríe,
¡Soy un tornado!
¡Soy un tornado!
vengo del pasado natural.

HEMBRA

Como mujer tengo debilidades,
soy egoísta y vituperio en contra de los míos.
A veces, como la orquídea endeble,
medito con firmeza cien maneras de ejecutar mi plan.

Como mujer tengo fortalezas.
Una de ellas es saber que, aun siendo grande,
suena el celular, algo está pasando:
son mis hijos que me necesitan de inmediato.

Como mujer mi regazo está listo
cuando mis hijos quieran llorar,
llamarles en los peores momentos,
animarlos cuando la carga esté fatigosa.

Como mujer suelo cantar,
especialmente cuando tengo algo que limpiar.

Siempre me preocupo por todos,
como mujer con fe en los momentos más incómodos.

MALA LA MAMÁ

Otra madrugada fría.
Mira que me ha quitado el sueño:
¿cómo es que mi pequeña
escogió tan dura mamá?

Con esos ojos grandes cafés,
lo único que puedo pensar
es que hay un error y la cigüeña se equivocó.

La regaño y se siente muy triste,
me mira con ojos de gatita con miedo,
pues estoy enojada
y es más fácil lanzarle ojos de hielo.

Tan bella, mi dulce corazón,
con su carita de algodón
y una sonrisa de medio entregar,

porque tiene miedo de que le vaya a pegar.

Disculpame, cosita,
amor de mi amor.
Me criaron a palos
y estoy tratando de ser mejor.

Me despierto temprano,
pienso con ansias:
ya se va a levantar.
Mi niña de ojos cafés,
¿a lo mejor me pueda perdonar?

Ella me mira con ojos de amor,
dice que Dios aquí la mandó.
No es mala la mamá,
solo se equivocó.

¿Ella se lo merecía?

Veo todos mis miedos en vos,
no porque no seas capaz,
sino porque sos mejor que yo,
y eso es lo que más anhela mamá.

Disculpame primero,
te lo pido de favor.
Siempre he sido aprendiz
cuando se trata de vos.

Es como comprar el ticket
y ganarse la lotería:

el premio es tan grande
que pienso que no me lo merecía.

De todas las cosas que he hecho en esta vida,
ser tu madre ha sido mi mayor alegría.

OSOS DE PELUCHE

En una camita color gris
hay osos de peluche,
que no queda ni espacio
ni para dormir.

Algunos son grandes,
otros diminutos,
pero la verdad es que disfruto
verlos sentados ahí.

Juegan al té,
juegan de ser pasajeros;
a veces son astronautas,
y otras, mis compañeros.

Pero hay uno en especial,
el que robó mis ojos,
el único con el protagónico,

mi pequeño oso travieso.

Ha estado ahí cuando lloro,
también cuando me enojo;
me ama cuando no me amo,
me abraza cuando más lo necesito.

Ese oso es superbonito.
¡Qué dicha que me lo regalaron!
No sé qué haría sin él;
probablemente me sentiría sola
en el mundo del hombre cruel.

UNA RUEDA DE COLORES

Hay mujeres que compran perfumes finos,
otras, muy elegantes, prefieren el lino;
pero en lo que estamos todas de acuerdo
es que los hijos cambian el cuerpo.

Preguntame: ¿qué es ser mujer?
Reír cuando estoy cansada y comer de pie.
Es ser azul por dentro,
pero amarillo sol para tu bebé.

Es ser una tetera color cobre
y una sonrisa color miel;
es cocer varias plantas para hacer un té
porque pasa otra noche sin dormir bien.

Es cocinar por horas
para que te digan: «Prefiero cereal».
Es comprar manzanas verdes

y que te digan que prefieren chocolate.

Es llegar del trabajo con la camisa mojada
porque eres profesional de oficio
y se te olvidó el sacaleches en la casa.

Es ser el azabache de la cadena para el mal de ojo,
es olvidar el mundo cuando duermes con tu tesoro,
o recomendar jugo de ciruela para el dolor de panza
cuando no puedes ir al baño de tanta lactancia.

Es cortar una naranja en dos
para que no se peleen más;
es reír dos segundos
y llorar cuando se van.

Es pretender que estás enferma
para que te dejen descansar;
es sentarse en una hamaca
y ponerse a rezar.

Es secar las lágrimas con las manos
y sonarse la nariz sin pañuelo;
es que te baje el periodo
en tus pantalones nuevos.

Es oír música que escuchaba tu abuelo,
es ser celeste aunque me cueste,
es oler las flores,
es aceptar las derrotas.

Es compartir los triunfos,

es comer dulce sin miedo alguno,
es dormir con los ojos abiertos
o ponerme un suéter sin brasier.

Es llorar porque me fue bien,
es reír porque me fue mal,
es pintar de colores la vida
para hacer feliz a los demás.

TÍA

Rojo lápiz labial,
cabello largo hasta los hombros,
delgada y de postura correcta,
una verdadera bailarina en todas las fiestas.

Camisa blanca de manga corta,
sonrisa con dientes blancos,
olor a rosas de jardín con vino rojo,
y un rostro divino con anteojos.

Sueño con vos bien seguido,
es que te extraño tanto;
fuiste como meteorito
pasando por mi vida rápidamente.

Pero me dejaste muy buena suerte.
Tus manos en mi rostro,
me decías que parezco una flor,

y que yo sería la pesadilla de cualquier señor.

Tu copa medio llena en las mañanas,
tus ojos tristes de llorar,
pero siempre que salías al mundo,
jamás te pudieron domar.

A ti, mujer espléndida que en mis sueños puedo ver,
me alegra que me visites más que cuando yo era bebé.
Hay un olor a cigarrillo que siempre me recuerda a vos;
pongo una cumbia y te juro que siento que estoy bailando con vos.

MARÍA MCMXXXVI

De vos nunca he querido escribir,
es que siento que no hay palabras,
que me quedaría corta e insensata;
es que los poemas no alcanzan.

Vos sos la más fuerte de todas,
la invencible, la que no flaquea ante nada,
la enojada y llena de valentía;
es que sos un amor, linda viejita.

Por mis venas corre tu sangre.
Esos ojos marrones los heredé de tu madre.
Me miras con tanta atención...
Te amo, viejita, en la otra vida quiero vivir con vos.

Tus historias son lo más lindo del mundo,
tus manos lo más fuerte y hermoso que he podido tocar.

Si vieras que cuando viajo a verte tengo que pretender no llorar;
es que, si me ves débil, no me vas a querer más.

Ya me dijiste que la que sigue soy yo,
que la familia la heredé yo.
Gracias por darme la antorcha,
te prometo que no te voy a quedar mal.

Pues, como a vos, hombres me tocó criar.
Jamás me quiero olvidar de tu risa,
tampoco de tus palabras y reclamos.
Que sea eterna mi querida abuela. ¡Te amo!

QUE SE HAGA LA MÚSICA

Es que yo soy como un mix de generaciones.
Me ponen a Juan Gabriel y yo te canto con euforia.
¿Cómo olvidar a la señora Alejandra Guzmán?
Ella le hizo creer a mi mamá que era eternamente bella, bella,
y ahora yo, con un hechizo de gitana, me creo la misma tonada.

Y los míos ahora bailando como el Michael Jackson,
vestidos con la moda de los 90, aunque lo nieguen tanto.
Música con variedad fueron mis penas y mis alegrías,
desde la salsa de Niche hasta el grito de «¡Azúcar!».

Entre gorritas con destellos de metal
o el típico traje morado de la hermosa Quintanilla,
vibran los yunques de la sabiduría musical,
pájaros hermosos que me hicieron suspirar.

Para Elisa no deja de ser mi mayor musa
en los momentos cuando las ideas se me cruzan.
Se preguntarán: «¿Escucha música clásica?».
Soy una artista y la música es vida para el alma.

Como canciones de cuna para mis hijos,
o una canción a todo volumen, muy prolijo.
Dos bachatas y Queen para dormir;
de madrugada, una caja de ritmos que me pueda persuadir.

Sigo y no termino, son tantos que yo admiro,
desde música en inglés, francés y mi nativo español.
Aquí te pongo música bendita,
porque si Dios fuera aburrido, no existiría la música.

Primero creó al hombre,
luego hizo a la mujer,
y el Creador dijo: «El hombre la sacará de quicio.
Creemos música para que ella no mate al susodicho».

UNA ESCOBA

Me mandó a la tienda mi señora,
me dijo: «¿Viejo, me trae una escoba?».
No era mucha ciencia buscar con qué barrer:
material, precio y versatilidad.

Inefable me quedé ante lo que había escogido,
me trajo recuerdos de cuando era niño.
Simple tarea se ha tornado compleja
cuando opté por el palo de madera.

La última vez que vi uno de estos,
recogí varios de entre mi cuerpo.
La paliza que me conseguí por perder unos zapatos,
logrando que mi madre me rompiera los brazos.

LA COMIDA DE MAMÁ

Ese recaudo es una delicia:
lleva ajonjolí y pepitoria tostada.
Agarra un color bien vibrante;
es Navidad un martes por la tarde.

Mira las tortillas en el comal,
ella las palmea y a la masa a veces le pone sal.
Dice que para que no nos empachemos;
remedios locales, como ella no hay otra igual.

Hizo frijolitos fritos, aquí se viene el olor
de la cebollita dorada con el aceite,
y el ruido que hace la cacerola
expuesta al calor.

¡Ay, mamá, qué rica su comida!
Es un arte el de usted en la cocina.

Satisfecha me ve tomar la primera cucharada;
esa mi viejita me quiere más que a nada.

O'ER THE LAND OF THE FREE AND THE HOME OF THE BRAVE?

AGARRÉ LA MALETITA

Con el paso de los años te sigo extrañando,
extraño tus ríos, tus mares y tus jocotales,
las generaciones anteriores a mí también emigraron.
Y con el tiempo me heredaron la angustia.

Yo soñaba con un pedacito tuyo,
quería los mangos maduros,
quería las guayabitas ácidas y quería los zompopos de mayo.
Yo jugaba con hojitas y barro.

Llegaron tiempos duros y
no había ni para poner el pan en la mesa.
No pude encontrar nada de trabajo
y los niños lloraban de tristeza.

. . .

Con vos me quería quedar,
tierra de piel morena, sol y arena, pero agarré la maleta,
y aposté mi vida al coyote;
total era eso o que me dieran en el ayote.

Las maras pedían renta,
estos hijos sin madre me pedían cuentas,
me amenazaron al muchacho;
me codiciaban la niña y yo solo: ¿cómo luchaba?

Agarré la maletita y aposté la vida,
con diez mil te pasan y en la frontera te quitan a la niña,
como si no fuéramos humanos,
me dan trato de terrorista;
y yo solo quiero trabajar, aunque sea como taxista.

Me quise quedar en aquellas tierras,
llenas de café y maíz puro,
pero terminé en autopistas y admirando rascacielos;
conseguí trabajo de
carpintero.

Hablaba con los míos,
Eran los únicos que me entendían,
los gringos ni sabían lo que decía.
Y ahora ya puedo hablar en dos lenguas.

. . .

HICE FAMILIA EN EL NORTE,
pero también tengo familia allá,
extraño mi tierra y quisiera tenerlos
a todos por acá.

PERO EL NORTE es duro y complejo,
los de este lado no quieren mi sabor
porque dicen que somos abusadores y
que nos maten en el pasón.

¡PERO, ay, patria linda!
Qué linda me has criado;
me mandaste a echar
raíces por otro lado.

TE PROMETO, mi pueblito hermoso,
que no te voy a defraudar.
Los valores que me enseñaste los voy a aplicar.

ESTA TIERRA ES NUEVA,
y la amo tanto como a vos, de ella aprendí libertad;
y por vos, lealtad.

ASÍ QUE EN piedra
está escrito,

que el día que me
vaya de este mundo;
tu nombre llevo en el alma, tu belleza en el rostro
y en el corazón estas dos banderas,
como símbolo de que soy otro.

WHERE DO I BELONG?

Where do I belong?
—dijo la niña
sentada en la frontera—,
¿por qué mis padres no están?
Me mandaron en la caravana,
and now the migra says I have to go back!

I AM confused con la raza,
they say family is everything,
pero hay niños pidiendo en la plaza.
I am bitter, I am so angry.

QUIERO que mis versos suenen
como las canciones en la radio;
la gente preocupada por perrear solos,
babies held in cages crying solo.

. . .

What happened to our people?
¿Los dividieron y se quedaron con los niños?
Ahora sé cómo se sentían los indígenas:
se sentían jodidos, atrapados y marginados.

Lloran mis muchachitos en la orilla de Tijuana,
esperando que alguien les regale una tortilla con sal,
esperando a su madre que los iba a venir a alcanzar;
malditos gobiernos, you started this!

Some nations came about,
standing on freedom;
otras standing on blood,
conquering land is more important.

Tu vida vale un poco menos, no te vayas a enojar,
pero we sold your campesinos; para ganar el voto popular.

It has always been about the power.

We are not the consumers,
¡Somos los consumidos!
Ya viene Cristo y que él los perdone, porque yo no puedo.

. . .

Los que aún no nacíamos,
desde el cielo observamos,
pedimos venir a la tierra,
rogamos a una madre y un padre.

Repeat after me:

Where do I belong?
En la tierra que me vio crecer,
esa es la tierra que yo me tengo que merecer,
pero me mandaron descalzo;
y debiendo hasta el brazo.

Where do I belong?
En el mar atado a una balsa,
en un pedacito de madera que se rebalsa,
muerto de sed y angustia;
en el horizonte está la USA.

Where do I belong?
A la frontera me fui corriendo,
me vieron los coyotes como mula,
con dos kilos de coca me pasaron.
Y con una bala me callaron.

Where do I belong?
En la veladora de mi madrecita,

en el rosario de mi abuela,
en las plegarias de mi mujercita;
y en el llanto de
mis niños que me esperan.

WHERE DO I BELONG?
En la escuela rodeada de bullying,
¿en las risas de
otros por no hablar inglés?
¿O en los gritos de
la maestra que no puede comprender?

WHERE DO I BELONG?
En la casa de la
niña güera,
sí, la que me presta la bicicleta,
su papá le da trabajo al mío;
y por eso se le respeta.

WHERE DO I BELONG?
Trabajando doble turno, ganando a $10 la hora,
preocupado por mi madre enferma;
y los hijos de mi hermana.

WHERE DO I BELONG?
En la sala de un auditorio,
de pie frente a todo el mundo,
soy el primero que se graduó;

y ya quiero mi título de campeón.

WHERE DO I BELONG?
En la Oval Office,
hablando acerca de amor,
diciéndole al mundo;
que también se habla español.

WHERE DO I BELONG?
At the top of the world,
rodeada de familia y felicidad,
completa porque soy una mujer más.
Y de las pocas que van a llegar.

WHERE DO I BELONG?
I belong here, I belong there,
I am a daughter, and I gave sons,
my seed has mucho sazón.

I BELONG where my roots started,
and my branches end,
ayudando
a otros niños para que aprendan a leer.

SIN HOGAR

Lo vi perdido, sin hogar, parecía dormido,
rodeado de basura y cobijado con periódico;
vestía una camisa blanca arrugada y unos jeans gastados.
Su mujer se sentaba en una piedra y los niños pelaban maíz.

Su cara reflejaba tristeza, pero también firmeza.
Este presente era suyo y él lo había aceptado sin problema.
El viento soplaba; la basura entre las piernas rozaba.
Al querer alcanzar su espíritu caído,
los ojos del ser
humano muestran el suplicio, el coraje y el trastorno.

El muchacho tuvo una infancia dura,
con padres ausentes y mucha violencia.

La vida da tantas vueltas; tiene familia.
Pero se siente solo con frecuencia.

Amor de padre ausente,
alguien al que no obedeces;
lo triste es que el fulano salió de su vida.
Como el pulso de un cuerpo que ya no siente.

PERO MIL VECES

Llevo años esperando el momento perfecto,
palabras exactas que se conviertan en más que versos;
a puro papel y lápiz conseguí uno
de mis sueños:
contarle al mundo cómo son los salvadoreños.

Se levantan tempranito a recibir el sol,
se suben al bus para llegar pronto a su labor.
También se saludan en la calle al pasar:
—¡Buenos días!— con mucho respeto al caminar.

Los niños corren al jugar pelota,
el calor nos amarra desde temprano.
Tratamos de vos a los amigos;

y cuando estamos enojados, bendecimos a los enemigos.

De azul y blanco pintó mi Dios el cielo,
para que este día yo les hable de mi pulgarcito bello:
desde la cordillera de Apaneca
hasta la playa de Iraheta.

Se oyen las leyendas del Cipitío y de la carreta vieja.
Patria mía, patria hermosa y elegante,
qué duro fue abandonarte;
siento un nudo en la garganta.

¿Por qué será más fácil escribir sobre el dolor que sobre la alegría del corazón?

El salvadoreño a todo dice que sí,
aunque no le guste, aunque le cueste,
aun cuando esté yuca,
pero te soluciona
cualquier bolado.

¡Si no, mirá la historia!

Era un 15 de septiembre de mil ochocientos once,
guerras civiles y unos diez próceres;

marcó para siempre en mi vida:
El Salvador nunca
se olvida.

Lejos de vos he estado, mi tierra.
Si hubiera sabido
que ese era el último día,
me quedo un poquito
más admirando tu valentía.

Al ver partir me acuerdo de la hermosa
Ruta de las Flores, el sazón de mi abuela y el olor a
chocolate de tablilla.
Ahora solo me queda soñar y
tal vez algún día pueda regresar.

¡Ay, mi guanaco de corazón!
Me marcho, que ya llega el avión.
Sonrío al ver por la ventana
y lloro cuando le digo adiós a mamá.

Todos los hijos que emigraron ahora son hermanos lejanos;
ha llegado la hora, no hay paso atrás.
Y qué asco, y qué
tristeza, tener que despegar.

. . .

Ya llegó el inmigrante,
ya llegó a su nuevo pueblo;
ahora en el norte, con familia gringa, pero siendo mil veces salvadoreño.

NO SÉ

Los ojos confundidos,
las manos entrelazadas, la sonrisa
nerviosa
y la carita preocupada.

Una señora me pregunta:
«¿Cuál es tu nombre?».
Sonrío, me hace la misma pregunta,
esta vez más fuerte, como gritando al oído.

Pero yo la escuché la primera vez,
es la confusión de no saber responder.
¿Cómo hago para explicarle lo que pienso?
Antes de lanzar una mirada, frunciré el ceño.

. . .

Sí, esa mirada que todos bien conocemos,
cuando te discriminan por no hablar como güero.
No leemos inglés, pero sí mentes.
Y no hablaré bien inglés, pero el desprecio se siente.

QUIERO IR AL BAÑO, pero cómo lo hago,
lo pienso mucho, estoy atrapado;
si levanto la mano todos me observan, mejor me aguanto
las ganas y espero el recreo.

ME PREGUNTAN: «¿CUÁNTOS AÑOS TIENES?».
Y mi respuesta es: —No sé.
Me preguntan: «¿Sí, English?».
Les digo que: —¡No sé!

ELLOS PIENSAN QUE NACÍ BRUTA, ellas piensan que yo no sé.
La verdad es que en este idioma me cuesta pronunciar,
me siento como la H que es muda.

ME GUSTAN LAS MATEMÁTICAS, me gustan
las ciencias, pero ahora el «no sé»
se ha convertido en mi materia favorita.

NO SÉ cuánto tiempo me tardaré,
no sé a dónde iré,
no sé con quién hablar, no sé qué voy a decir.

. . .

No sé si tendré amigos,
no sé si mi maestra me quiera enseñar, no sé si
mi madre entienda
que la escuela quiero dejar.

No sé si voy a resistir las burlas,
no sé si voy a reprobar.
Están midiendo mi inteligencia
basados en el hablar.

Pero con el pasar de los años la lengua adiestraré,
hablaré como los extranjeros
y si pronuncian mal
mi nombre, lo corregiré.

Son muchos los ejemplos
de otros como yo,
comenzamos en la escuela
sentados solos en
el comedor.

Esa noche entre lágrimas al fin pude comprender:
aquella joven que decía «no sé»,
ahora es bilingüe y
vale por diez.

Mi cerebro bien que trabajó,

se sabía el material en inglés y en español.

AHORA, CUANDO ESCUCHO UN «NO SÉ»
o veo unos ojos de perdición,
les recuerdo a los demás
que esta persona no es un bebé:
es un adulto en español.

NO CREA, güerita que yo vine a hacer mi voluntad,
agradecida estoy de poder
gritar libertad.

EN ESTAS AMÉRICAS crecimos las dos y juntas
vamos a prosperar.

ESTO ES para mis hermanos y hermanas,
desde el polo norte al polo sur,
nuestras diferencias son vocales.
Y nuestra inteligencia no es un albur.

GRACIAS A LA NIÑA que se apiadó de mí,
todos tuvimos un amigo así,
el que te ayuda en la escuela porque ya estuvo ahí.
Aquella mujer... pasan los años y no me olvido
de ti.

INVITACIÓN A MORIR

¡Qué bonita la invitación que me mandaron!
Hágase partícipe del sueño americano.

Es usted fuerte y bueno para trabajar,
le gusta que su familia duerma segura bajo
un techo estable.

Está cansado de trabajar y que nunca le paguen bien,
le gustaría que sus hijos tengan una educación moderna.

Debe dinero en todas partes y ya no le dan fiado
en ningún lado.
No lo piense más, venda todo lo que tenga de valor

en su casa.

Contrate los servicios de *Coyote Express,*
lo trataremos como bulto de carga;
ir doblado en un carro con excelente ventilación.

Tendremos expediciones por las montañas
y las estrellas serán su cobija.

En ocasiones servimos desayuno vegano:
incluye una tortilla tiesa y una lata de frijoles.

Si no sabe nadar, le brindaremos un flotador de neumático.
Y cuando estemos justo a la frontera de México
y Estados Unidos,
el servicio VIP de carga mula lo equiparará con unas libritas de más: una mochilita con unos kilitos para que usted haga calistenia.

Dijo el inmigrante estando arrodillado:

—¿Cómo quieres que no me venga para el norte, si en el himno nacional me haces el llamado?
Sobre la tierra del libre sentaré mis sueños
y con sudor y lágrimas haré el hogar de los más valientes.

. . .

QUERIDO ESTADOS UNIDOS, yo sé que te caigo mal, porque me vine contra la ley y no me dejé agarrar.
¿Qué te cuesta, güera bonita, dejarme vivir aquí?
¿No ves que mi trabajo es humilde y te da de comer a ti?

LA LLUVIA

Have you ever been outside the U.S.? If you have not,
go to a different land.
Try the rain, I promise you it won't disappoint;
it's like «Chicken Soup for the Soul».

La lluvia de Estados Unidos es como una película:
con la escena de las montañas cubiertas de nubes,
calles vacías, aire frío intrigante como el desprecio de tus ojos
cuando sabes por qué llegué tarde.

Esa agua que te condena a abrazarte por la brisa helada,
una doncella que te niega a sentirte callada.
Entre las manos se desliza atentando contra mi sangre;
cambia el color de mi piel ese espasmo vascular.

En cambio, las lluvias de otras partes del ecuador,
esas vibran con pesadez y maldición,

perforan hasta tu ropa más íntima;
ni una sola calceta queda seca de aquella pinta.

Calientita como un beso por la mañana,
con el vaporcito que sale por la ventana.
Aquí corre el agua entre mis piernas,
recorres mis límites sin darme espera.

Las amo a las dos porque son exuberantes,
penetran mi ser, transportan mi emoción,
de dos maneras de rememoración.
Rain, my beautiful lover, do not be my tentación.

EL YERRO DEL ENTENDIDO

¿Cometimos un yerro al tener hijos de este lado?
Lo tienen todo y no quieren aprender nada.
Les compramos todo lo que nos hizo falta;
lo malo es que hasta nuestro amor de padres se les hace poca cosa.

Como nuestros juegos no vienen en aplicación de ROBLOS,
tampoco tenemos cinco millones de vistas en yu tu.
Llevamos el historial de más días trabajados bajo el sol
para que los muchachos tuvieran un futuro mejor.

Ahora tienen un clóset lleno de juguetes,
pero no juegan con ninguno.
Tienen más ropa de la que pueden vestir;
los zapatos cuestan más que un turno.

Le pido a mi hijo que alcance una toalla para limpiar el carro,
pero su rostro, pegado a la pantallita del celular...
Ya ni me acuerdo de qué color son sus ojos.
Cellphones, the tool that became my foe.

Nos equivocamos en darles todo,
los hicimos débiles ante la verdadera calle.
Algunos dejamos de usar el cinto,
creímos que sería mejor romper círculos.

Yerro por no mandarte a trabajar.
Yerro decirte que tu mínimo esfuerzo estaba bien.
Yerro cuando no te doy disciplina.
Yerro cuando dejo que tus padres sean los amigos que encuentras en línea.

MY DEAR AMERICA

My dear America,
how much blood has been shed? Thine latest
caretakers eat flesh,
my lady, déjeme cuidar de usted.

My dear America,
thou hast been under the stewardship of men,
thine belly is hungry again.

My dear America,
perhaps one ought to utter words more suitable for them;
pigs have more manners than these men.

My dear America, thou art novel beauty,
thou art a desirable brilliance;
simpletons govern thine prosperity.

My dear America, thou art the best wine,
the bar has been set too low.
Thou must look at what happened in the elections of 2024.

My dear America, thou art wounded,
bloody borders have left the air thick.
Hear the cry of children while I sit still.

My dear America,
thou art dying of hatred.
Men of power lusting over thy children;
yes, thy children, my lady.

My dear America,
hear my plea, I am a sinner,
but I do want to lead.
Let us try to govern the land.

Let me embrace thee, let me hold thee
the same way only a mother can,
right after she has given birth to these men.

My dear America, let me comfort thee,
thou art certainly exhausted.
Another man president, and thou art discharged.

My dear America,
«The course of love ne'er did run smooth».
This wrote Shakespeare as a reminder for you.

Some ill men wish the written word can go away,
because their names appear in files de papel.

My dear America,
my beautiful daughter. Although thou art older,
I do yearn to be thy mother.

My dear America, healing is in short supply.
Our teens are dying in their class.

Thy homes are full,
but thy tables are empty;
children on TikTok,
adults crying when they are told no.

My dear America,
I am willing to give you my all:
a human that can discipline,
but also show love.

My dear America,
illegals gave birth to me.
Dost thou entertain this toxic love?
Thine legitimate sons are killing thee.

Pardon me for entering without knocking.
I could not help to enter to save you from your dismay.
From the hand of the illegal comes your food,
yet you don't trust me to keep you true.

My dear America,
God has given me a mission to mother you up.
I am here to remind you that healing is best
when we kick pedophiles out of the White House.

My dear America,
I am your bastard child,
a local foreigner with an accent,
spitting image of our founding fathers.

THINK

Think, women, think for a minute,
your existence is divine,
your heart melts before thy God.

Think, women, think for a minute;
tus pechos sacian el hambre,
tus entrañas crean gigantes.

Think, women, think for a minute:
tus raíces son el árbol del ayer.
¡Pienso, therefore, soy mujer!

¡TE EXTRAÑAMOS, PAQUITA!

SIN AGUJAS

¿Por qué se añora el tiempo perdido
y no el que queda por vivir?
Grabando todo para verlo después...
No hay peor ciego que el que no quiere ver.

525 600
son los minutos que esperé tu afecto.
A la espera dieron horas, luego días;
el reloj no tiene significado.
Tu juramento de amor ya se venció.

Y me sentí sola en esas cuatro paredes.
Solo Dios sabe qué pasaría.
Y tomé aquel anillo y lo estudié,
y me di cuenta de que sí fallé.

Le quité las agujas al reloj,

perdiendo el tiempo con esta relación.
Sembré las agujas en mi corazón
el día en que preferí sufrir por amarte a vos.

EL CHOCOLATE MÁS CARO DEL MUNDO

¡Qué delicia! El pedacito de cacao con canela va para la boca,
esos trocitos de color café oscuro que siempre me provocan.
Tu olor es indescriptible; puedo cerrar los ojos y ver la caña.
Azúcar bendita que le hace el amor a la canela orgánica.

¡Cómo has sido de pícaro, pedacito de chocolate!
Fuiste molido en el principio, ahora me haces remunerarte.
Sabes cómo me desvivo por ti y prefieres hacerme llorar;
el sabor quemadito de tu semilla me queda en el paladar.

Se tuesta y se pone negrito, eso es lo que sabe amarguito.
No pude llevarte más pronto hasta donde naciste;
me mirabas con ira y nostalgia, igualito que un niño cansado.
Mejor desquitarte conmigo; al fin y al cabo, no te dejo de querer.

Sembré el cacao, lo regaba a diario,
trabajé la tierra por cinco años.
Traje una tacita para vos y una para mí,
y vos me decías que, aun así, no eras feliz.

Soplo la taza y tomo el primer trago,
me deleito en el sabor instantáneo.
Veo el reloj y se acerca la hora:
pronto vendrás y tus labios probarán los míos.

¡Mírame a los ojos, delicia! Te das cuenta de mi alegría.
Vierto el chocolate caliente esperando ver tu sonrisa.
Se acabó la olla y solo quedó el color de lo que fue.
No era suficiente para vos; el del problema siempre fui yo.

Sembré el cacao, lo regaba a diario,
trabajé la tierra por cinco años.
Traje una tacita para vos y una para mí,
y vos me decías que, aun así, no eras feliz.

Pasaron los años y mi rostro cambió.
Viendo al espejo, me di cuenta de la verdad:
regresaste a tu tierra natal buscando el amor de tus papás,
pero ellos jamás te quisieron; solo amaban el olor a nuevo.

¡Yo te araba la tierra de mi amor por un pedacito de tu afecto!
¡Qué amargo me salió el chocolate de tablilla!
Me tocó pagar como extranjero local.
Hablando el mismo idioma de tus besos,
entendí mejor el dialecto artesanal.

Los inmigrantes odiamos la palabra ilegal.
¡Que llamen a mi abogado, pero ya!
Amor, no fui yo el que te trajo para acá;
sin embargo, el chocolate más caro del mundo
lo pagué yo por amarte cuando vos solo querías viajar.

HOMBRE

Me seducís con tus mentiras,
me haces sentir que el mundo gira.
¿Cómo no quererte con todo mi ser,
si te cargué en el vientre, Caín y Abel?

Mirame con tus ojos preciosos,
colmame de besos que me hagan llorar,
colmame de caricias que tomen por sorpresa,
abreva mi alma con mil promesas.

La suavidad aterciopelada de un recuerdo
o un desprecio robándome el aliento,
son tus manos fuertes.

MITOSIS

Aquí está la lista:
tiempos duros, duelo, dolor y sufrimiento.
Los conozco también como la palma de mi mano y mis dedos;
y me han lastimado más o peor que algunos de mis disque cheros.

He venido a compartir con ustedes que hoy la vi.
Ahí estaba de pie y a solas,
poderosa e invicta,
como diamante, pero sin sortija.

Le ha costado,
ha sentido la presión de la vida.
Algunos vinieron a presumir y chismear;
me pregunto por qué no mejor se van a trabajar.

Concentrémonos en ella, que gane.

Sería muy fácil decir que con que brille basta.
Como célula individual en mitosis se convertirá,
combinando sus poderes para duplicar sus probabilidades de ganar.

Piensan que se ha quedado callada,
piensan que no vio la puñalada por la espalda.
Jugaste con sus seres queridos:
el cuento no acabó; apenas comenzó.

EL COMPLEJO DE YOCASTA

Yo recuerdo cuando empezó a morir mi corazón:
poco a poco la familia de él se metió en mi relación.
Hablaban de mí a mis espaldas,
también criticaban cómo crecían mis hijos a la distancia.

Recuerdo cómo ella lloraba, lloraba y lloraba;
ninguno de mis esfuerzos le agradaba.
Su boca y su rostro mostraban enojo
cada vez que su hijo me decía: «Te adoro».

Yo me acuerdo cómo comenzó la competencia
el día que la conocí y me dijo muy seria:
«A mi hijo no me lo vas a quitar»,
y yo buscando esposo, no hijos de otra para criar.

¡Cómo quise encajar en aquel hogar, cuna de mi gran amor!

Solo encontré la tradición de la madre enamorada de su hijo varón.

Detenida en una piedra frente al mar,

pensando: yo también tengo hijos, pero con ellos no me quiero casar.

Algún día un techo van a encontrar,
viajarán lejos de mí.
Serán felices con sus hijos y sus amores,
y yo, con canas, disfrutaré de sus bendiciones.

Diosito, que me sirva de lección:
no enamorarme de mi hijo varón,
de amarlo como un hijo de Dios;
que vuele alto y sin temor.

Sí, señora, ya la escuché,
que no le gusta la mujer de su bebé,
que no lo tratan como lo hizo usted,
dándole de comer en la boca hasta que cumplió diez.

Porque Dios dijo:
«De la costilla te haré una mujer».

Si el Dios de Adán hubiera sido mujer,
Adán nunca habría tenido pareja:
tendría madre, mas no descendencia.

TE VAS A QUEMAR

Con razón la Paquita les tiraba:
trabajan en el petróleo,
trabajan en la construcción,
y aun así tienen que ser tan mamones.

Te dije: «Está prendido, te vas a quemar»;
ahí va el idiota y lo vuelve a tocar.
Te digo, ya te advertí del peligro,
y sí, el menso esperando su lunes.

Sí, yo no levanté el clavo con las manos,
pero sí que te escribí treinta y siete páginas de un contrato.
Sí, yo no me levanté a las cinco de la mañana,
pero quién se quedó despierta hasta la una de la mañana.

Bien dijo la Doña el día que nos vio entrar:
«Usted bien que sabe hacer dinero,
pero ella lo sabe cuidar».

Ahí sigue de menso el niño que Dios me dio,
porque no puedo creer que metiste el dedo
donde te dije que no.

¡Por la púchica, hombre!
¿Cuándo vas a aprender que los otros imbéciles
no te van a cuidar como lo hago yo?
Pero ellos te dicen: «Azul, el cielo se pinta hermoso»,
y yo con una mano en la computadora y otra en el Fabuloso.

Sí, aquí sigo, y dirán por qué sigo de necia.
Es porque esto se llama matrimonio:
los exitosos lo gozamos con dinero y mucho sexo,
y los que se rajan temprano es porque no han domado a su yeguo.

POR 10 MIL

A mí me traicionaste y no te hagas el «yo no sé».
Sabías que a mis espaldas no se puede hacer.
La cara de ambos me la quedo en el alma;
él lloró por amor y vos por toda tu plata.

Sí, yo sé que no soy como otras mujeres.
A ellas les han dado donde más les duele.
Tu traición fue de otra clase,
aquellas que hace un hombre que es muy cobarde.

Y sí, aquí me quedo parada esperando que algún día
pagues tu falta, porque he sido tu reina y, como tal,
algún día el trono me quisiste quitar.

Hijo, usted ya sabe cómo es el juego.
Usted y yo no nos faltamos el respeto.
Acuérdese de que donde manda capitán,
no manda marinero.

Ahora ya quiere sentirse muy gallo.
Yo puse los huevos y también el sabor.
Gallina vieja hace mejor caldo,
y gallo viejo ni para chicha es bueno.

En el ajedrez hay dos jugadores,
treinta y dos piezas, dieciséis para cada lado;
y cuando hay dos reinas y dos reyes,
no pueden quedar empatados.

Al final solo gana una y es la que mejor defiende.
He visto jugadas sacrificar a su reina, esos hombres sin alma.
La reina que gana es la que mejor baila,
y la suya baila muy bien salsa.

VOY Y VENGO

¿Te acordás de la carta que me mandaste?:
«¡Para cuándo el dinero!».
Te dije clarito que puedo mandarte miles,
y aun así jamás vas a ver los dividendos.

Y así fue y no me hiciste caso.
Te di más dinero para crecer,
y no te fuiste por lo tangible,
sino por gastar horrible.

Fijate cómo son las cosas:
le mando dinero a su mamá,
le mando dinero a su papá,
le mando dinero a su hermana,
le mando dinero a su sobrino,
le mando dinero a su sobrina,
le mando dinero al perro de la vecina.

Y aun así lo que mando no es suficiente.
Ni con tres salarios pueden los weyes.
Sos un hombre de poca visión,
mantener a todos nunca sirvió.

LA IA

El terciopelo del romanticismo,
desnudez del alma al pensar,
compendio de autonomía del humano,
para dejar mi suerte en manos del AI [ei ai].

Olviden a Romeo y Julieta,
no Elizabeth Bennet and Mr. Darcy,
Florentino Ariza y Fermina Daza,
el Brayan y la Kimberly.

Se quedaron todos atrás,
ni los dioses saben de amor ya.
Se acabó la intriga y la seducción;
la IA apagó esa vela de pasión.

Las cartitas con versos extravagantes,
o esas frases intensas después de besarte,
amordazando tu labio entre los míos,

sin artificio creado por un filtro.

Debo querer conformarme,
solo imaginando cómo serían tus ojos.
Maldito artefacto con pantalla táctil,
muero por besarte poco a poco.

Amor, permíteme darte la dopamina,
incrementar tu presión sanguínea.
Cortas se quedan las fantasías,
calor que no te puede proporcionar la IA.

NO ES NINGÚN SECRETO

Jamás me voy a arrepentir de estar enamorada de una mujer.
Su inteligencia sublime, labios de verdad, amor del ayer.
Su ligereza al caminar por la vida me hace suspirar;
me tienes en tus manos y te lo quiero declarar.

Comería de tus consejos sin pensar,
sonrisas cálidas que me recuerdan el mar.
Eres celosa, amorosa, vanidosa;
déjame contemplar tus anhelos, mujer.

En el taller de tus pensamientos quiero vivir,
sentir lo dulce que sabe la miel después de dormir.
No guardo secretos, odio callar mis sentimientos;
por eso, mi querida dama, tú ya sabes quién te ama.

HAY AMORES QUE MATAN

EL PRIMER AMOR

Qué mirada tan hermosa, plenitud y completa confianza,
las manos mojadas
y seca la garganta.

Reside en la niña de quince años,
también en el corazón de un feto;
en prosa o en soneto,
sabe cómo poner a todo humano en aprietos.

Vibra en los Cien de Neruda,
puede ser mortal,
desde la madre en el vientre
o en los poemas de Shakespeare.

Se pasa por el contacto con la piel,
atraviesa el cerebro como oxitocina,
amordaza las sensaciones del alma;

puede producir dolor y también calma.

Es el latido del corazón mi preocupación,
décadas en el desengaño de esta trama,
enloquecida me tengo,
a veces sin poder escribir.

Observo que algunos despiertan pasiones,
otros, ahogantes como la lujuria,
verbos repetidos en coro,
sinónimos de pecadores.

Y donde duermen, yacen; como bestias caen
entre algunas sábanas de seda;
sus cuerpos pasan vergüenza.

Hay otros que duelen más que morir.
Cómo gime de dolor la ausencia,
la nostalgia nos indigesta;
el veneno mata toda la decencia.

Tan natural como ver un infante comer,
alucinante como la curvatura del espacio-tiempo
que reemplaza la gravedad de Newton,
depurada de toda la razón.

Sentir lo que sintió sin saber,
la paz de su alma bebió su sed,
porque relativa es la ley
de no olvidar a quien te quitó la virginidad.

LA MUJER

¡Ay! «La terminás de criar», dice mi gente.
Se llevaron a la muchachita flaca,
quinceañitos, ni vestido para la fiesta rosa;
cuando ya Joselincho Fedecisco Marpérez
se la había llevado a la pobrecita.

Toda una mujer a los dieciséis,
con una cría en el brazo y un cántaro en la cabeza,
lavando ropa en el río,
comiendo parada y echando tortillas,
y dejando las palmas de las manos en la piedra.

Bien experimentada la mujer,
ya de veinte años y con tres cipotes,
puede cortar la milpa por la mañana.
Y para el almuerzo ya tiene la cena pensada.

Mujer bien educada aunque no terminó el sexto grado.

«Buenos días, que Dios lo bendiga», dice.
Ayer se puso mala de la gripe,
pero con un té de manzanilla se repuso.

Allá la vieron dándoles de comer a los pollos.
Bien enferma, pero ya bañó a los niños,
y la masa ya está empezada;
¡qué gran dolor de cuerpo!

Con una temperatura de más de cien,
sus hijos con hambre,
y el hombre que viene de trabajar;
esas tortillas solas no se van a echar.

Llega la noche y la lumbre está apagada,
los cipotes ya trincados en la cama.
El marido dormido, listo para la jornada,
y ella está apurada
porque le espera más mañana.

Y pasaron los años, ya anda en treintón.
Ahora es una sabia y nada se le pasa,
se puede cada remedio casero,
y en la cocina es símbolo de elegancia.

Llegó a los cuarenta la mujer, ya la riuma no la deja ni correr.
Los hijos se están poniendo grandes,
y las noches no son las mismas de antes.

Le metieron preso al marido.
Le tocó que buscar un trabajo,

ahora le manda almuerzo a la cárcel,
y paga sola la renta.

Son cincuenta años y no se dice fácil.
Pesa la rodilla mala, duele la espalda y las caderas.
La mujer a uno lo carga por nueve meses,
y ella carga con la preocupación durante toda una vida.

Llegaron los sesenta en toda su gloria.
El esposo, lo sacaron de la cárcel,
la esperanza de vivir con el viejo en aquella casita de adobe y paja.

Ver el atardecer y una tacita de café,
la mujer lo esperó con hogar.
La mujer los crio sin descanso.
Ahora el viejito sale, se va y regresa al otro día. Ni siquiera la besa en la mejilla.

Ahora el viejito no quiere salir con su viejita.
La mujer le dio la juventud,
la mujer le dio su flor de la vida, la mujer le dio su vejez,
y el hombre dejó de ir a verla.

¡Qué amor el de la mujer, qué dedicación la de ella!
Espera y espera, y a ella nadie la espera.
Qué amor más seguro y más sincero,
¡el de esta mujer, que en alevosía le prometieron un «te quiero»!

LAS CANAS

¡Cómo has podido, madre naturaleza!
¿Qué son esas cosas de pintar mi belleza?
¿Acaso no ves lo que ocasiona tu ley?
Me corta las alas de la juventud, y soy mujer.

¿Que no escuchas a mis amistades?
Las apariencias lo son todo en las redes sociales.
Aquí quedo con la marca de la vejez,
pelos blancos en lugar de omega-3.

¿Por qué te reís, madre naturaleza?
Quedate un instante y explicame.

La madre naturaleza me devolvió el reclamo,
me dijo:

«Pinto tus cabellos de plata y tu rostro de sabiduría.
Sin embargo, reclamas la vida mía.

Mi dulce mujer, no te compares a la joven;
observa con cuidado tus dones.

Ella recoge cumplidos como flores,
ella camina largos caminos.
Tú y yo ya no andamos como antes;
ahora nos sentamos a la mesa como dos damas elegantes».

LOS TIGRILLOS

Cuenta la leyenda
de una familia en Santana.
Allá, lejos, a los pies de los Himalayas;
eran tres cachorros tigres de Bengala,
fuertes y ágiles, con muchas rayas.

Los tigrillos aprendieron de mamá
a luchar arduo para aprender a cazar.
Su padre era estricto y duro para enseñar,
pero los tigrillos son diligentes y saben escuchar.

Un día de mala suerte
salió papá a pasear;
se encontró con un cazador
que lo hirió con un puñal.

Con dificultad llegó hasta el nido,
asustó mucho a mamá.

Al ver la sangre en el camino,
ella comenzó a llorar.

El padre dijo a los cachorritos:
«Tranquilos, de esta me voy a salvar».
Su herida era profunda, agobiante;
su torso estaba herido y cayó desmayado.

Con muchos cuidados y atenciones,
mamá terminó de levantar a papá.
Ese día la herida cambió al viejo tigre;
parece que la sangre se le fue a la cabeza.

En las mañanas les gritaba a los cachorros,
en las tardes a mamá, y por la noche,
el viejo tigre lloraba de ansiedad.

Lo asfixia el no saber qué iba a pasar.
Un día, muy enojado, lastimó a mamá;
con el espíritu destrozado, ella también cambió.
Ahora estaba amargada y no veía su valor.

El viejo tigre rugía y rugía
a todas las horas del día.
Egoísta y misógino;
ahora ya es un ogro.

El viejo ogro les quitó la voluntad.
Los pobres cachorros ya crecieron,
ahora los tigrillos se quedaron sin voz.
El ogro viejo les dijo que no.

Tantas veces les negó una oportunidad...
Ahora ellos caminan con miedo
y la selva se los quiere tragar.

El ogro viejo se encargó de humillarlos,
les cortó las alas de la vida,
les mintió, los ultrajó y nunca los abrazó.
Mis tigrillos ya maduraron.

Ahora son grandes y bien hartados.
Se dieron cuenta de que el viejo ogro
les dio para comer y sobrevivir.
El pobre ogro pensó que ahí su trabajo había terminado.

¿Sobrevivir es vivir?
¿O es seguir vivo después de la muerte?
El cuerpo respira, pero el alma no siente.

Llegó el día que todos esperaban:
el ogro ya no puede dar un paso.
La herida lo está matando;
sin embargo, no ha abierto los ojos.

Se está engañando, el trauma lo tiene con miedo;
es un cachorro en el cuerpo de viejo.
Ojalá se dé cuenta de su gran falta,
o sufrirá con lágrimas largas.

Los tigrillos tienen garra.
Espero se lancen, espero alcancen,
que levanten la cara;
que saquen el rugido que llevan dentro.

Un día regreso y les cuento el resto,
quiero ver si los tigrillos escuchan mis versos.
Si el ogro les pide perdón un día no muy lejos de hoy,
ellos van a perdonar a su viejo,
porque así son de nobles y su mamá les inculcó eso.

AMÉ, AMO, AMARÉ

Curioso me parece el acertijo del amor.
Cuando nacemos ya venimos listos para amar;
es por eso que el recién nacido llora por su mamá.

Observemos a los niños del kínder,
cómo juegan en el parque;
armados de amor, no tienen prejuicio para nadie.
Llega el joven adolescente violando la ley de la gravedad.

Olvidándose de que existe el mundo y con ganas de volar,
está enamorado y nadie lo puede detener;
es más fácil atrapar el aire con las manos.
¿Quién puede evitar que un joven se enamore siendo bachiller?

Qué tristeza para las que somos feas,
en la secundaria nunca nos chulean.

Yo tenía la belleza por dentro,
y a ningún joven le importaban mis buenos sentimientos.

Fue la high school una tragedia amorosa,
es que los hombres son muy demandantes.
Para ellos la belleza está por fuera;
es una regla y con eso no se juega.

En cambio, a ellos los favorece la sociedad;
siempre les dan el final feliz:
una bella con la bestia.

El amor es símbolo de compasión, dice la Biblia.
Lástima dimos algunos humanos,
nos gustaba sufrir por fabuladores,
inventando que nos mandaban flores.

Llegan los años de adulto,
no más fantasía, no más cuentos;
la realidad es que hay bestias
que le levantan la mano a su «amor».

Son las mujeres las abusadas,
a veces son los hombres;
he visto varios con la cabeza baja,
pintando el suelo con lágrimas.

No se enoje por la verdad,
mejor busque ayuda profesional.
Si usted le pega a su pareja,
su castigo será la miseria terrenal.

El que pega no ama,
la que insulta no ama;
el que abusó de su poder,
por tener poco ego, fue infiel.

Amigas, no crean que me olvidé de ustedes,
especialmente las bonitas:
le escriben a dos y les prometen una cita.
No sean malas, que eso se regresa.

Yo adoro a las mujeres de todo el mundo,
ellas son mi inspiración,
por ellas escribo de amor;
este es el don más hermoso del Creador.

Yo adoro a los hombres que saben respetar,
en mi casa el caballero se lleva en la sangre;
y los hombres se valoran por su corazón,
porque su hermosura yace en el trato que se le da a una flor.

Amé en el pasado, no tanto como lo amo a él.
Amo en el presente, o dejaré de ser.
Amaré porque existe y, aun sin verlo, lo es.
Amaré sin reclamo, porque vida sin amor no es vida.

I DO

«I do» were the words I first pronounced
one day, dressed in white.
I looked in your eyes and held your hands,
I kissed you for the very first time.
Yes, we did, as husband and wife.

I pondered our journey together.
How does time fly?
Often you and I sit and laugh, elbowing the same words;
it feels like we got married last night.

You have learned my cry, I have learned to hold you;
the paint of our lives has become one color,
teaching little ones our new culture.

I see your brown eyes,
I feel your beautiful skin,
I know God made you for me;

because without you, the puzzle is incomplete.

I was made many years after you came to earth,
and even when our times are not the same,
respect, work, and love have become our best friends.
We have changed; we will not deny the truth.

We will grow old like the trees:
shedding leaves, nesting birds,
giving shade to those in need.
Sweet love and sweet dreams.

¡Sí!
A eso le llamo un final feliz.

¡CÁMARAS Y ACCIÓN!

Mujer vestida de blanco,
hombre vestido de negro,
pareja de recién casados,
y una cámara en el centro.

Una casa nueva,
un florero con nuevas orquídeas.
Dos personajes, dos sets de llaves,
y cajas por todas partes.

Pasó el primer año y todo era bello;
según los cálculos, llevaban catorce mil besos.
Ella brillaba como una doncella,
dos hijos y dos carros nuevos.

Es la era de la tecnología,
todos los días nuevas publicaciones.
Algunas con filtro, otras con lots of comments.

They felt the distance between them,
it was a reality they were not ready to face.

Viajes, restaurantes y entretenimiento,
muchas fiestas de cumpleaños,
un sinfín de navidades.
¿Qué nos pasó que se rompió aquí?

¿Por qué permitimos cámaras en nuestra vida?
¿Por qué le dimos prioridad al filtro de la mentira?
Ahí estábamos los dos sentados en la sala,
entre cuatro paredes y cero palabras.

PARA SIEMPRE JAMÁS

Mi niña está creciendo,
tiene muchas amigas.
Parece ser que ya no me necesita,
ya no recibo tantos besos como antes.

Mira la ropa de la princesa,
ahora señorita quiere escoger.
Pues mamá no sabe qué está de moda,
siempre quiere vestirme de monja.

¡Qué compleja es mi situación!
No sabré si sembré flores o espinas
hasta que ya esté adulta la niña;
pero es linda la cipotilla.

Recuerdo la noche que me asomé por la puerta:
vi para su cuarto y todavía seguía despierta.
Platicamos por horas y reímos como locas,

me hacía falta verla tan boyante.

Llegó el cansancio y hay que dormir.
Me dijo: «Mami, quédese aquí».
La sostuve en mis brazos mientras dormía,
con su piecito tocaba mi brazo.

¡Qué recuerdos tan lindos,
qué noche tan singular!
Una joven de día,
pero mi niña para siempre jamás.

¿Y AHORA QUIÉN PODRÁ VALORARME?

Me levanté tarde,
llegué cansada.
Ni una sonrisa,
pero hay que trabajar.

Mis hijos abren los ojos:
solo hay redes antisociales,
mensajes instantáneos
y videos con sangre.

Les quito el celular y ¿qué pasa?
Nada pasa, todo sigue igual:
hombre matando hombre
y comiendo carne como animal.

Sí, ya sé que son los últimos días,
que las cosas se van a poner duras.
Parecemos película de horror,

pero esto no acaba aunque le ponga stop.

¡Hijos míos!
Mis grandes amores,
en mis oraciones van las plegarias:
«Diosito, que no dejen de caminar a tu lado».

La tierra es para ser probado.
Cual cuento de hadas,
paso firme sin dudar;
Dios es el único que me puede ayudar.

HERMANITOS

Primero se murió la mamá,
y luego se murió el papá.
Quedaron dos hermanitos,
huérfanos pero juntitos.

Juegan de llevar agua,
un cántaro cada uno;
es que viven lejos
para andar en lo oscuro.

En las noches se cuentan chistes,
y las lágrimas de tristeza
se confunden con risas,
y poca comida en la mesa.

Dos hermanitos allá en San José,
huérfanos pero juntitos.

Dos hermanitos, sublime canción,
entre plantaciones de algodón.

AGUAS AMARGAS

En una vieja carretera
se encontraba un mar de cañales,
viaje largo y cansado,
recuerdos que pasaban de lado.

«Mi mamá no me quiere,
miren esos ojos de desprecio».
¡Qué duele que me trate mal,
solo porque me fui a buscar suerte por allá!

¿Cómo pudiste escoger un hombre antes que a mí?
Si el semblante impone lo que los rumores disponen.
Quejas justificadas, o tal vez las excusas lo eran;
hija mayor, tu lugar es donde nace el torogoz.

Sentar cabeza a la orilla de la cama de tu madre,
levantarte con ella y acostarte con ella.
Que se aleje ese floripondio,

afuera, cariño, que solo cultivé uno mío.

¿Qué estoy diciendo, hija?
Será que la soledad me tiene indecisa.
¿Es mucho pedir que la montaña solo florezca hacia el este?
Mi regazo, que sea tu muerte.

Mis últimos años merecen toda tu energía,
un dolor como una migraña al mediodía.
No le tengo miedo a la pelona,
pero no la quiero enfrentar sola.

Sigo teniendo pesadillas del pasado,
pienso que el corazón no ha sanado.
Muchachita, échate sobre mi cuerpo a llorar:
la muerte vino y se llevó a tu mamá.

¡Discúlpame, hija mía!
Como eras la mayor, pensé que aguantarías.
Aguas amargas son estas lágrimas,
quitarte el vuelo debajo de esas alas.

No te heredé nada,
solo puro dolor en el alma.
Que tuviste ganas de un hogar;
no obstante, estaba yo: era tu mamá.

ES UNA ASTILLA

Mira sus manos llenas de callos,
manos de hombre trabajado.
El frío las adormece,
y el calor las enternece.

La vista está comprometida,
el sentido auditivo envejece.
Astillas, una sobre otra,
clavadas en su piel moca.

Te saco las astillas,
beso tus manos, mi vida.
Agradezco tu hombría:
entre espinas faenar con alegría.

SÍ HAY QUINTO MALO

Samuel, Samuelito, Samuelita,
su papi está trabajando.
Viene por la madrugada con un olor muy raro;
fue un día pesado, por eso se echó unos tragos.

No lloren, mis niños,
hoy no le pagaron.
Le sonó el teléfono,
y se escondió porque es algo privado.

Su papá me ama, hijitos,
ustedes están equivocados.
Solo le dio un beso
porque ella lo estaba tentando.

Veo sus textos, son de trabajo:
le piden que regrese para terminar lo que empezaron.
Él me dijo que jamás me vuelve a engañar,

me lo prometió por su madre, lo más sagrado.

Dice la vecina que lo vio en el carro
besando a una mujer con un vestido caro.
Vecina lengua venenosa, no hable mal de mi amado:
él es muy fiel y solo cuatro veces me ha puesto el cacho.

Hijos, entiendan, su papá no es malo;
es que está cansado de tanto chamaco.
Ayer en sus cosas vi un retrato,
pero yo sigo pensando que no hay quinto malo.

8VO GRADO

Adiós a la aritmética
de Baldor.
¡Qué me importa el uniforme de la promoción!
Anoche me dijo en el oído:
«Deja la escuela y juntos huimos».

Esto es peor que cuando estaba en primer grado.
Ahora me gusta y quiere que lo hagamos.
Voy a dejar las oraciones con su predicado
por irme a la esquina con este sujeto malcriado.

Los libros quedaron en mi cuarto,
los zapatos muy bien lustrados.
Me besó como Romeo a Julieta,
y mi mamá me mandó para un internado.

CASOS DE LA VIDA IRREAL

EL MILLENNIAL

«Respeto piden, respeto deben»,
los señores de antes dicen:
«Cómo han cambiado los tiempos».
Los chicos de hoy decimos que, si no hay cambio,
no les permito hacerme perder el tiempo.

Algunos nos critican, nos ofenden por todo,
otros dicen que el millennial se quedó corto.
Aquí y en China la fortaleza de mi pueblo sigue igual,
y la abuelita pidiendo que me libre Dios de todo mal.

Si en el pecho se siente la pesadez de la injusticia,
que Dios libre, porque el hombre esclaviza,
nos hace sentir a los pobres como si fuéramos mentiras.
Nos hacen perder la calma y nos echan al agua sin salvavidas.

Vine a trabajar aquí y ahora voy para allá,
en la escuela bien y en la calle mal.
Me gané cada mérito con sudor y esfuerzo,
y ahora que dizque estoy muy joven para entender el gobierno.

Me dicen: «YK, te estás pasando de la raya»,
me dicen que no hable por la señora que sigue callada,
que soy insubordinada porque le di voz a su sufrimiento;
pero vos estás enojado porque ella no quiere firmar tu manifiesto.

Que no entiende, te digo, español te pido,
que no le hables en inglés de cosas importantes.
Te aprovechas de su letra, solo porque escribe grande.
Y vos frustrado porque la defendí, acordate de mí.

Yo soy la diabla, pero vos Judas.
Hablás de amor y condenás a los inocentes.
Pensás que te quito el poder solo por defenderme.
Compañero...

Que los dos entendamos nuestros derechos
no significa que te estoy robando un peso.
Pensás que vine a robarte todo.

Lo único que quiero es que nos respeten a los dos.
Ahora termino mi silencio,
y aquí está mi salvación.

Sentémonos a la mesa, hablemos como iguales,
no siempre de acuerdo, sin importar polos opuestos.

Yo te doy mi respeto y vos el tuyo, sin enojo, sin tapujo;
pero que tus decisiones no afecten mi futuro.

Ahora mis humildes palabras te dejaron frío.
Reconocé que este millennial tiene colmillo.

YOU, SAD LITTLE WOMAN

You, sad little woman,
trampoline over your sisters,
conveniently sabotaging their peace,
making a few extra cents
by making good women
suffer behind a desk.

I see you, I know you want to see my ideals dead.
I know it would please you to see me cry.
You wonder why you are lonely again?
You forgot that women came to the world to share their love?

They fight the huge oppressor of life,
the one individual who does not want to see them soar high.
You cut from under them to feel good about yourself;
last night, I know, you sobbed again.

Fancy house that surrounds you,
but no one wants to know a single thing about you.
Remember why they despise you so much:
they trusted you with their dreams; you stepped in and sold them out.

Working society to have a seat at the table,
trying to better their community,
trying to stand up for the voiceless.
As a woman, you said: «I understand»,
then turned around and stabbed me again.

What happened to you?
Did you forget who you are?
Did you forget that as a little girl,
you fought for what's right?

Sisters, a woman should never fight a woman.
Our divine spirit is too strong to contain;
therefore, we were put on this earth
to spread hope.

We had enough of the powerful directing our lives,
telling you can't be a mom and work at the same time.
You, sad little woman, why did you hate me so much?
My mission is to help others, especially the young.

You, sad little woman,
why are you letting the greedy take more?
It looks like you need a hug. I would offer you one,
but now I have to leave and wish you good luck.

HAY QUE PERDER PARA GANAR

El primer año dejé a varios conocidos.
El segundo año me fue mejor, hice un grupito de los míos.
El tercer año fue gracioso porque compartí mi comida,
cosa que jamás me ha gustado hacer, a menos que seamos de verdad familia.

El cuarto año me fui del bachillerato con una promesa,
el quinto ella volvió a nuestra mesa.
El sexto y séptimo volví de más a menos,
el octavo era yo y el mejor amigo del sereno.

El noveno volvió a subir en números.
El décimo lastimaba yo o me lastimaban algunos.
El onceavo fue quitarme una venda de los ojos,
el duodécimo volví a intentar conocer mejor a los demás.

Ya voy por el trece y el catorce, y sigo con el mismo dilema.

Hasta que el quince me explicó:
«¿Qué más esperabas, morena?».
El dieciséis me enseñó lecciones de vida,
el diecisiete, que no se podía confiar en todos los que se llaman familia.

El dieciocho fue crucial: los cimientos eran fuertes y ostentosos.
El diecinueve vino como torbellino y escupió toda la verdad.
Amigos, de verdad amigos,
hay que perder para ganar.

SOLO PORQUE SOMOS FAMILIA

Hay discriminación entre la gente.
Unos hablan de quererte y entenderte;
otros se pasan el tiempo burlándose de tu presente,
pero yo sigo de pie y con la vista al frente.

Escribo versos con sentimiento,
defendiendo mi legado, de mi puño y letra,
convirtiendo acontecimientos en sonetos
y declarando la alegría que produce un verso.

Te regalo una rima para la vida:
he pasado años escribiendo lo que siento,
y ni uno solo de mis poemas
habla del amor que te tengo.

No podés ser mi musa,
no podés ser mi inspiración.

¿Creés que esto es un chiste?
Qué lamentable para mí, ¿no?

Creí que podía contártelo todo,
creí que al compartir este libro
me ibas a apoyar.

Aun con la misma sangre,
solo les gusta juzgar.
Si la familia se comporta como el resto del mundo,
hay que dejarles de hablar.

Siempre hay, nunca le va a faltar
ese familiar que lo quiere ver fracasar.
Y aunque lleve su apellido, recuerde:
sin respeto, no hay amigo ni ADN compartido.

JE SUIS LE PETIT PRINCE

Cuenta la leyenda en mi pueblo natal:
nacieron dos pequeñitos hijos de la misma mamá.
Uno era hermoso, inteligente y galante;
la otra era mujer, por eso no es importante.

La joven mujer llamaba a su mamá,
pero si el joven lloraba, eso precisaba más.
Oscuro y triste el camino de la pobrecita;
su hermanito era la cosa más bonita.

Los años pasaron, ya los hijos se crecieron.
El varón llega a la casa muy bien recibido,
se le premia por haber sobrevivido
y se le aplauden los errores cometidos.

La hembra siempre ha estado ahí,
en las malas y las peores,

porque mamá dice que he cometido muchos errores;
jamás me brinda un abrazo, solo me dice «hija» de vez en cuando.

Mamá me trata como piedra para que sea fuerte,
mamá me dice que la acompañe hasta su muerte.
Voy con ella al lado; las dos envejecemos cada año.
Mamita, ¿qué será de mi hermano?, no aguanta ni un regaño.

JANDITO

What's a Jandito?
It's like a warm hug!
The kind you get when your dad is not around.
A Jandito is like an angel,
one you only get once in a lifetime.
It's when a wish comes true while a child squints his eyes,
because they are wishing upon a shooting star.

A Jandito came into our lives;
it redefined what fathers are supposed to be like.
A man with a great sense of humor,
one who loves to play Uno.

I remember life before a Jandito:
it was dark and scary,
almost like a Marvel movie

without a superhero.

A Jandito is like a prince for your mom.
He showers her with love,
and often makes her laugh,
and he never tells her no.

I am the oldest;
I am supposed to be the man of the house.
I feel like it's hard to be all that
when I am not even old enough to drive.

A Jandito is my wish come true.
He comes into your life,
makes you care about telling the truth.

What's a Jandito?
It's like having a new car,
one that you can rely on
to always pick you up!

What's a Jandito?
It's like a man—
one that has the strength of ten bears.

What's a Jandito?
It's like a special band-aid,
the kind that mends a broken heart;
protective on the outside, but soft on the inside.

What's a Jandito?

It's better than having a biological dad.
It's a man with a hat who loves you no matter what.
It's what fathers are supposed to be like;
one that reminds me there is a God!

DÍGAME, MAESTRA

Dígame, maestra,
¿por qué no entiendo las palabras todavía?
Quiero platicarle toda mi vida.

Dígame, maestra,
¿hay algo malo en mi mente?
—Por supuesto que no,
eres muy inteligente.

Dígame, maestra,
¿por qué me cuesta estudiar?
Es que el inglés no lo puedo agarrar.

Dígame, maestra,
¿qué significa bitch?
Es que me llamaron así
y no supe qué decir.

Dígame, maestra,
¿por qué no hay más como usted?
Necesitamos más mujeres que nos enseñen a leer.

Dígame, maestra,
¿por qué la comida sabe así?
A veces fría y sin sabor.

Dígame, maestra,
¿voy a aprender inglés?
Es que siento que mejoro.

Dígame, maestra,
¿usted tiene hijos?
—Sí, tú eres uno de ellos.

CINTO ARTESANAL

El talabartero corta el cuero
con sus herramientas.
Corta las orillas y también le da forma;
¡qué orgulloso de cómo está quedando!

El artesano se asegura de su obra:
quiere que las orillas estén rectas
y, lo más importante, que sea fina la hebilla.
Este trabajo va bien lijado.

Los productos artesanales llevan su tiempo.
Las orillas son hechas redondas,
se nota el relieve después del cincelado.
El cinto está quedando formidable.

Una manita de tinte,
color que le combine.
Con aguja capotera se cose

para que ajuste a la ropa.

Qué se iba a imaginar el artesano
que con ese cinto castigarían a mi hermano;
que cada hoyo y cada puntada
la tiene clavada mi hermano en el alma.

Viene el hombre de trabajar,
se quita el cinto y le comienza a pegar.
No se cansa este fulano,
es que todos los días dale que dale.

Escucho sus llantos y también sus gemidos,
mas al hombre no le importa ese ruido.
Cada noche es lo mismo:
Doesn't the man get tired?

Mi hermano está como muerto en vida.
A veces no se levanta ni para comer comida.
Cansado de la fina hebilla,
ahora la tiene pintada en la rodilla.

El otro día lo sostuve en mis manos.
Era fino el acabado del cinto,
decorado con manchitas de color marrón oscuro:
el cinto artesanal del verdugo.

AMOR Y AMOR

Esa muñeca de ojos cafés,
esa nena que jugaba en el patio.
Ella, de pie después de la tormenta,
con una sonrisa a su porvenir.

Le gusta vestirse con faldas de colores brillantes,
le gusta usar collares de perlas amarillas,
y jamás se pone una camisa con botones,
salvo que sea para ir de vacaciones.

Al llegar el atardecer,
se escuchan dos dulces voces:
una la llama por su nombre
y la otra le recuerda que es una princesa.

Su madre la ama,
su otra madre la ama.
Cuando nació sufrió mucho,

pero Dios la bendijo con ambas.

Va de la manita de sus dos mamis,
ellas la cuidan como un milagro.
Saben que la nena casi muere,
una llamada de la trabajadora a eso de las nueve:

«Que necesitan dos guardianas,
dos guardianas para esta peque».
Ellas corrieron a dar su corazón,
pues cuando te quitan una, ¡siempre te regalan DOS!

TRATAR DE ACATAR

(¡Hola, ya se me olvidó!)

«Pablito, ¿puedes limpiar tu cuarto?».

Salí corriendo y pregunté qué dice mami.
Me vuelve a preguntar:
«¿Pablito, puedes limpiar tu cuarto?».
Limpiar y cuarto.
Salgo como un rayo, llego a mi cuarto, veo un calcetín rojo.

Sería genial comer un dulce,
tenemos los dulces rojos.
Corrí a la nevera,
luego a la alacena.

Mi pelota de goma,
la tiro y miren cómo rebota.
Bouncy, bouncy ball!

Oh, how I love my ball.

«¿Pablito, necesitas limpiar tu cuarto?».
Sí, mami, y mi cuarto.
Corro a toda velocidad,
llego a mi cuarto. Bouncy ball, ball, bouncy.

In my bed it feels like Jumanji,
under the blankets everything is dark.
There is a voice coming from the outside,
muffled voice like a dinosaur roar.

«¿Pablito, tu cuarto, mijo, tu cuarto?».
Sí, se me olvidó el cuarto.
Pero ahora tengo sed y necesito agua;
corro a la cocina por un vaso,
bebo agua y me quedo pensando.

Ese ruido suena como un monstruo.
Ah, no, es mi panza que tiene hambre.
Y si voy al pantry y me como algo...
Total, mi sed se ha saciado.

«¡Pablo, tu cuarto!».

Oh, no! I forgot my mom is going to be mad.
I hurry up and then to my room.
Mom is waiting there with a broom.
«Pablo, terminas o te castigo».

Now this is very serious,
so serious as having to pee.

Oh, wait, I do want to pee.
I run to the bathroom and do my thing.

Vuelvo al cuarto, ¿por dónde comienzo?
Ya pasaron horas y nada que ayuda mi cuerpo.
Sé que mi mami va a estar muy cansada,
ella me dice y dice, y no le entiendo nada.

Si ella supiera que yo quiero mejorar,
que cuando ella me pide algo no lo quiero olvidar.
Los ojos de mi madre, llenos de tristeza...
Es que hay muchos mensajes en mi cabeza.

EVOLUCIÓN

«¡Qué bonito el pasto!
Mire cómo lo corto y no se acaba.
¿Y si recibimos clase aquí afuera?
Maestra, eso me haría muy feliz.

Prefiero romper mi camisa,
prefiero no ir a la escuela, prefiero usar ropa sucia,
que tener otra camisa de esta misma tela.

Maestra, no quiero a los otros adultos.
Los otros adultos son muy raros.
Hay maestros que intentan comunicarse,
pero no saben cómo ayudarme.

Maestra, usted me pone a escribir.
Maestra, cuando usted habla yo la entiendo.
Maestra, ¿cómo se escribe repeat again?
Maestra, quiero llorar.

Hay días que me siento como un teclado:
siento todos los botones presionados.
Me dan ganas de llorar,
y los demás dicen que ya estoy grande.
Maestra, ¿qué es el autismo?».

—Es algo, mi niño, como ser un Pokémon:
después de cierto tiempo evolucionas a Ivysaur.

—«Maestra, ¿puedo ir a jugar?».

Veo sus manos, sus dedos entrelazados.
¿Quién soy yo para decirle no,
quién soy yo para decirle no
a un niño que es mucho más inteligente que yo?

XY

XY en matemática puede llegar a ser una expresión algebraica,
pero en el diario de mi vida estas dos letras se han convertido en un gúgolplex.
Mis ojos odiaban el significado de las sílabas pa-pá,
y se concentraban en pensar que eso era como estudiar materia oscura.

Hay hombres que sí saben qué es ser papá;
se toman el tiempo de enseñar cuando juegan,
de correr contigo en la bicicleta,
aquellos que te regañan porque son la neta.

XY es complejo: tienen traumas
y muchas carencias de sueños truncados.
Algunos son muy enojados y gritan por todos lados,
otros papás son muy tímidos, entonces prefieren quedarse callados.

XY tiene mucho que aprender, pero también mucho que enseñar.

Es como la ausencia de un abrazo,

pero no hablo de cantidad, sino de intensidad.

XY no puede faltar en un hogar,

pero sí puede ser dado por cualquier mamífero alfa con ganas de trabajar.

Es que si falta esta combinación, los niños crecen sin autoestima;

me lo repiten muy a menudo: «Maestra, yo quiero uno».

Así que para los XY que estén haciendo un buen trabajo,

que les den seguridad y amor a sus hijos prestados:

gracias por tanta dedicación y cariño para los hijos de Dios.

Por ustedes tomé perspectiva de que no todo es como lo viví yo.

TRABAJADORA SOCIAL

Mientras el Estado diga que esta es una carrera,
una trabajadora social seguirá siendo cualquiera;
el individuo encargado de reportar a la corte
puede ser un joven que no sepa dónde está el sur o el norte.

Entra a mi casa con una serie de documentos.
Tiene veintiséis casos y los multiplico por cinco:
ciento veinte niños por trabajadora social;
en una semana no puede hacer overtime.

«De social no van a tener nada», dijo el gobierno.
«Entran y salen para que se ganen su sueldo.
No se preocupen por sus familias, son el tres por ciento;
they chose their path and they never vote in the elections».

«Señora, deje de abogar por sus familias,
abra y cierre el caso, este apellido es muy conocido.

Parece que ellos son hijos de un empresario,
por lo tanto, unsupport el caso.

Trabajadora social, no trate de ayudar.
Si se involucra, le llamaremos la atención.
Haga como todos los demás: marque X en la lista,
para que esté contenta la prole socialista».

JORGE ASENCIO

Jorge apareció entre los archivos.
Mis antepasados son importantes,
como si mi historia comenzara mucho más antes.

Jorge Asencio, María Marciana,
la mamá Chelina, abuela Mamalicha.

Son un arrebol poético que procura mi identidad,
escribe sobre letra a mano cómo me debo de triunfar.
Cuando conocí a Jorge por medio de ese papel,
horas y horas de buscar: ¿quién es él?

Para mi sorpresa, entendí que el nombre es el principio,
por eso todos lo vestimos distinto.
Nos enfocamos en esta acta de matrimonio:
Jorge tenía solamente quince años.

Su papá y su mamá decidieron darle el permiso

de casarse tan joven, aun siendo un niño.
Seguí leyendo en el acta línea por línea,
descubriendo más acerca de mi familia.

Jorge era el nombre de aquella joven;
sí, la que todo este tiempo pensé que era hombre.
Llevadita por sus dos papás hasta la casa judicial,
para ella sería una larga noche.

Quién sabe por qué tan niña la entregaron.
Puedo hacer mil historias en mi mente,
pero si sus papás no podían leer,
quién sabe qué pudieron temer.

EL RUISEÑOR

Pájaro cantautor divino,
hermosos cantares,
llena los ojos de lagrimales
y permite que ella se levante amándome.

Ella piensa que su melodía no existe,
su grandeza es el canto sutil;
mas yo he visto a los ángeles dormir
cobijados de su *do, re, mi.*

ADONAI

¿QUIÉN ES MI HÉROE?

Esa noche me pregunté:
«¿A quién admiro?».
He escuchado de muchos quién es su preferido;
pocas veces me lo han preguntado.

Ahora sentada, ¿de quién soy fanática?
Pensé en muchas personas,
algunos ídolos falsos...
¿Estaré en el papel de mujer dramática?

Entre miles de pensamientos,
me cuesta escribir
que he tenido mis tótems,
y también me han hecho sufrir.

Ahora aquí, perdida en materia,
me pregunto si algo malo pasa con mi cabeza:
admiro sacrificio, compasión y fuerza;

también admiro lágrimas y tristezas.

Tal vez son los sentimientos
mis más grandes héroes;
no solo han salvado mi mente,
pero también me recuerdan que el corazón siente.

¿Ese es mi héroe?
Sí, ese de allá:
el hombre que por sus hijos no deja de trabajar.
¿Ese es mi héroe?
Sí, esa de allá:
la mujer que aún cansada no deja de trabajar.

Entonces me dije: «¿A quién admiras?».
Y ahí fue que lo supe sin titubear:
admiro a los seres humanos que se equivocan,
porque solo de perder aprendemos a ganar.

Mi héroe es el grande y poderoso, el Dios de Abraham,
en el Antiguo Testamento, el misericordioso Adonai;
el que hizo al paralítico caminar,
el único que ha sido mi Padre Celestial.

UN LUGAR SANTO

¡Qué noche más dolorosa!
Pensamientos de preocupación.
Siento un peso en el pecho,
no aguanto la respiración.

¿Qué pasó con mi paz?
¿Por qué he olvidado cómo orar?
La tranquilidad que siempre me trae
hablar con mi Padre Celestial.

Él es un ser perfecto,
un Dios que sí me escucha.
Deja que le cuente mis penas,
y cuando lloro, siento su calor.

¿Por qué estoy perdida?
¿Por qué no encuentro las palabras?
Necesito su espíritu, necesito su gracia.

Padre, todo es complicado.

Me encuentro en desesperación.
Siento que todo se está saliendo de control,
como que la oscuridad ha llegado aquí.
Qué idiota fui,
buscando gloria solo para mí.

¿Cómo te pongo en mi vida para que no te vayas?
Como los niños, necesito a mi progenitor:
ese ser espiritual que puede ver mi potencial.
Eterna e inmortal, diosa de mi reino celestial.

Ahí recordé que, cuando no puedo más,
la casa de Dios puedo visitar;
que cierra las puertas al mundo terrenal
para que mi alma sienta de nuevo esa paz.

EL COLOR DE LA FE

La fe del seguidor es un testimonio de su corazón.
Su convicción, hermano, tienen que ser palabras de amor,
así como las mismas que pronunció Dios;
sí, el ser supremo, aquel Dios que mandó a su hijo amado.

El mismo que quiso instruir a su pueblo.
No se equivoque, hermano, que solo hay una raza:
de carne y hueso los creó, y del color de su piel ni se acordó,
pues a todos les prometió salvación.

La raza humana explotó con sabor.
El mismo Cristo era de color,
fue enviado a la Tierra; su cultura era diferente.
Predicaba con el objetivo de no hacerles caso a los ricos.

Y si la sociedad me pinta a mi Dios blanco, con ojos azules,
retratos que ellos compran como caros perfumes

para separarme de mi hermano de tribu,
espero que no se olviden de Mateo 25:35 al 41.

Cristo viviente era un hombre.
Él sabe lo que es estar en la cárcel,
ser pobre y perseguido.
Me dio su ejemplo para ayudar a los oprimidos.

Cristo de Jerusalén que vino a visitar las Américas,
el mismo que sonrió con los niños indígenas;
vino y les prometió la tierra que hoy ustedes dividen con odio.
Compren la serenidad del pobre: ellos saben que al morir lo dejan todo.

Mi gente, mis ancestros, historias de fe,
historias de mis bisabuelos y mis tatarabuelos,
que, con el paso del tiempo, me regalaron su sabiduría,
y los mismos que me enseñaron que el color no se juzgaría.

BRACITOS CRUZADOS

Dime, Jesús, dime por favor,
¿por qué mis papás no buscan a Dios?
Ya me cansé de verlos llorar
cada vez que una cerveza is around.

Otro día más sin que tú estés aquí.
Me pegó en la cara y también en la matriz.
Me pateó hasta que no pudo más,
¿será que no se acuerda que soy su hija?

Viene el fin de semana, otro domingo más,
y en lugar de ir a la iglesia, vamos a comprar un treinta.

Odio el ruido que hace la botella vacía.
Eso significa que se va a enojar conmigo;
me mirará a los ojos como si estuviera enojada.

Le diré que la amo y que no la quiero ver así.

Me mira con los ojos medio dormidos,
con el aliento fuerte.
Sé que mañana no recordará nada.

Es mejor pretender que no pasó nada.
Dime, Jesús, ¿por qué se cayó
el líquido dorado que cambió a los padres,
el que me recuerda que me muero de hambre?

Si mi madre viera por mis ojos, sabría que la adoro,
que no deseo que beba más;
no por los golpes, sino por su seguridad.

Aquí espero muy paciente,
aun cuando esto me lleve a la muerte.
Escondida en mi cuarto sin hacer mucho ruido,
con los brazos cruzados y un corazón que late abatido.

EL SOMBRERO NEGRO Y LA MONTAÑA

—Mira, cipota, está lloviendo fuerte.
¿Será que la montaña se desmorona?
—¡Ay, mamá, cómo va a creer!
¿No ve que es fuerte y frondosa?

—Mira, cipota, los árboles hasta silban.
—Sí, mamá, pero mire la cima:
si la montaña fuera débil,
jamás florecería tanta vegetación.

Majestuosa es ella,
con verde musgo en sus orillas
y blanca neblina en la coronilla;
me saca suspiros de júbilo y tranquilidad.

Me dejas vivir en tu vientre,
montaña viviente y natural;

soy tan afortunada de llamarte mi hogar.
Llega la noche y veo la luna.

—Mire, mami, cuántas estrellas.
Si las cuento, no alcanzan los números.
Este sombrero negro es mi favorito,
el de todos los de piel humilde que duermen debajo de un palo de pito.

PECADORES

Sí creo en Dios
y lo grito a los cuatro vientos.
Soy pecadora, estoy enferma y soy malhablada;
voy a la iglesia porque me hace mucha falta.

Soy hermana los domingos y los otros trescientos sesenta y cuatro.
Ahí vamos los pobres de espíritu,
ahí vamos los que lloramos,
si no es ahí donde más nos consolamos.

Voy a la iglesia porque a veces soy muy mansa,
a veces voy porque soy muy agresiva.
Voy a la iglesia porque me quiero vengar de los que me hicieron mal,
pero ahí me recuerdan que solo Dios puede juzgar.

Voy a la iglesia porque a veces soy inhumana,
y sucia de corazón, porque si no, jamás veré a Dios.
Voy a la iglesia porque se me olvida ser pacificadora;
me pongo de tú a tú con la señora de TikTok.

Soy una pecadora con una lista inmensa de defectos,
todos son evidencia de que nací humana.
Por eso hay que ir a la iglesia todos los domingos,
para que el recordatorio sea continuo.

LEGOS

Ciento cuarenta y nueve millones de kilómetros.
Una órbita elíptica provee la luz
de una estrella llamada Sol.
¿Ojos carnales, qué saben de Dios?

Veinticinco mil veces llena sus pulmones de oxígeno,
esos celos lo tienen atrancado;
gritando en un sueño
que no dejaba dormir a mis pequeños.

Cien latidos por minuto,
culpa de tus drogas, hombre bruto.
El corazón sentenciado a muerte,
cayó en pedazos el más fuerte.

Legos quedaron en el piso,
el recuerdo del que fue antagonista.
Ser de oscuridad y congoja,

alma perdida, me dejó sola.

Aquel que trae existencia al universo,
observando las piezas que quedan:
¿por qué no armar esperanzas,
un hombre con ganas de ser padre?

Todas las piezas encajan a la perfección,
creamos una familia de verdad.
Juguetes son para la humanidad,
en las súplicas de las víctimas de un mal papá.

ERRORES

El ruido de los automóviles por mi ventana
indica que ha terminado otra jornada.
Entre textos de la mañana, tres mil doscientos noventa y dos,
llega el final del día lleno de plegarias.

Son palabras largas, tazas llenas de estrés
y la mente de un betabel.
Se cometen errores,
eso es de humanos.

ÉXODO 1:9-12

Similitud entre las masas.
Oprimir, esclavizar, dice la historia;
los números no mienten,
hay que interrumpir esta cesárea.

Matarnos en plena calle no se puede.
Tal vez si les cobramos impuestos,
les decimos que son inhumanos;
perfecto término para el pueblo hispano.

Son cristianos, pero no leen,
mas en Dios no creen.
Son temerosos del hombre natural;
los poderosos prefieren el dinero actual.

Ahí viene el pueblo de Israel,
Dios prometió el recogimiento de Israel.

Sigan cerrando la frontera,
Dios está muy cerca.

SU PRIMER CONVENIO

Se les viste de blanco,
se les recuerda el significado del agua,
se les celebra con solemnidad,
pues una promesa es promesa.

El primer convenio entre el niño y su Creador,
la promesa de tomar su nombre,
esa hermosa sonrisa de querer entrar al agua.

Como los convenios son especiales,
solo Dios y él sabrán que estará a la deriva
cuando llegue el momento de escoger entre el bien y el mal,
pues un convenio debe ser por iniciativa personal.

NUESTRO ÉXODO

Partimos de la tierra de nuestra herencia
hacia la tierra prometida.
Así lo dice Dios y así lo dice la Biblia;
tiene una queja, llévesela a papá Dios.

Jesús el Cristo cruzó para Egipto,
escapando la muerte desde bebito.
Que no me canso de alabar a Dios,
¿no ve que él es mi único verdadero amor?

Él es paciente con todos,
desde grandes hasta chicos,
hasta con mis enemigos.
Si yo fuera Dios, ya los habría quemado vivos.

Tengo que ser pacificadora,
significa amar a mis enemigos.

Diosito, voy mejorando mi mortalidad,
pero los humanos no quieren cooperar.

ORION'S BELT

Three stars under one sky,
exquisite diamonds as seen from Earth.
Stories that delight us with your name,
from the US to Finland, y *las Tres Marías.*

Perfection would be to reach you;
you are celestial beauty.
Away from the man-made artifacts,
in this cold night, you have caused my heart to stop.

Al sur de mi hogar, muéstrame el camino
donde puedo encontrar al amor mío.
Allow for us to dance under your glorious spell,
para que nunca se acabe esta hoja de papel.

"UN PROFETA DE DIOS"

1) Una mañana de 1820, un joven oro' fervientemente, arrodillado suplicaba; cuando el maligno lo acechaba.

2) El joven con más fuerza oraba, y su oracio'n fue contestada, dos seres celestiales descendiero'n; y las tinieblas desaparecieron.

3) Había gran duda en su corazo'n, y el le pregunto' al Señor: ¿Cuál de todas las sectas es la verdadera? El Señor respondio': Ninguna, Ninguna de ellas.

4) Luego de muchas palabras, la luz dejo' de resplandecer su alma, pocas fuerzas le quedaro'n; pero el joven se levanto con a'nimos.

5) Sí, solo tenia catorce años, era alto de ojos claros, dio' a conocer su divina visio'n; y muchos le desataron persecucio'n.

6) Moroni el profeta lo visito, a El dio' sabiduria e instruccio'n, viajo a diferentes estados y poblados; y en Pensilvania Emma y este joven se casaro'n.

7) Las planchas le fueron entregadas, y mediante el URIM y TUMIM fueron reveladas, surgio' el Libro de Mormo'n; gracias a este profeta de Dios.

8) Un hombre de mucho valor, lleno de inmenza fe, se dedico' a predicar la verdad; el se llamaba; JOSE SMITH.

9) Ahora el evangelio esta restaurado, y los miembros de hoy podemos estudiarlo, que nuestro testimonio crezca; con el sacrificio de este SANTO.

AUTOR: YK Rosco

ACERCA DEL AUTOR

Jessica Rodríguez, conocida bajo el seudónimo de YK ROSCO (California, 1989), es licenciada en Ciencias Políticas con enfoque en Política Global y graduada en Idioma Español. Aunque nació en Estados Unidos, fue criada en El Salvador, país que ama y considera su primer hogar. Su trayectoria profesional está marcada por su servicio a la comunidad hispana en roles gubernamentales y organizaciones sin fines de lucro desde los 14 años. Tras publicar en 2025 su primer libro infantil *Lejana Alcanzaría*, la autora presenta este poemario; una obra nacida de superar las dificultades de la infancia y concebida como un profundo tributo a las mujeres trabajadoras. Amante de los versos, la fantasía y el suspenso, YK ROSCO abraza con orgullo sus cuatro pilares de vida —mujer, hispana-latina, madre y ser espiritual— para invitarnos a descubrir su universo literario.

www.ingramcontent.com/pod-product-compliance
Lightning Source LLC
LaVergne TN
LVHW010715061126
851857LV00014B/1191